Hilfsbuch

für die

Telegraphen- und Fernsprechtechnik.

Unter besonderer Berücksichtigung

der

Telegraphen- und Fernsprecheinrichtungen der Deutschen
Reichs-Post- und Telegraphenverwaltung

bearbeitet von

Ernst Lewerenz,

c. Ober-Postdirectionssecretair.

Mit 67 in den Text gedruckten Abbildungen und 4 farbigen Tafeln.

Berlin.
Julius Springer.

1897.

München.
R. Oldenbourg.

Vorwort.

Mit der fortschreitenden Entwickelung der Telegraphen- und Fernsprechtechnik hat die Zahl der diesen Gegenstand behandelnden Specialwerke in solchem Maasse zugenommen, dass es den Telegraphen- und Fernsprechbeamten schwer fällt, sich auf diesem Gebiete zurechtzufinden. Das Bedürfniss nach einem zuverlässigen Wegweiser in allen die Telegraphen- und Fernsprechtechnik berührenden Fragen hat sich daher in weiten Kreisen dieser Beamten geltend gemacht.

Da die bisher erschienenen Kalender, Hilfs- und Taschenbücher für die Elektrotechnik das Telegraphen- und Fernsprechwesen sämmtlich nicht eingehend genug behandeln, um dem hervorgetretenen Bedürfnisse abzuhelfen, auch sonstige, für den gedachten Zweck geeignete Bücher meines Wissens z. Zt. nicht vorhanden sind, so habe ich es unternommen, aus der umfangreichen elektrotechnischen Litteratur das für die Telegraphen- und Fernsprechbeamten Wissenswerthe zusammenzufassen.

Das vorliegende Hilfsbuch sucht zwei Aufgaben zu erfüllen: es soll den jüngeren Beamten in die technischen Fragen des Telegraphen- und Fernsprechdienstes methodisch einführen und dem erfahreneren Beamten ein Rathgeber sein, welcher ihm in zweifelhaften Fällen schnell und zuverlässig Auskunft ertheilt und so das mühevolle und zeitraubende Studium der Specialwerke erspart. Demgemäss sind die theoretischen Darlegungen auf ein knappes Maass beschränkt, während die für die Praxis wichtigen Abschnitte über Telegraphen- und Fernsprechbau, Stromquellen, Schaltungen u. s. w., unter Berücksichtigung aller Neuerungen auf diesen Gebieten, weit ausführlicher als in den Kalendern und Hilfsbüchern für die Elektrotechnik behandelt worden sind.

Von besonderem Interesse — namentlich für die im Bau beschäftigten Beamten der Reichs - Telegraphenverwaltung — dürfte Abschnitt VII des Hilfsbuches sein, welcher neben den auf die Herstellung und Sicherung der Reichs-Telegraphen- und Fernsprechanlagen Bezug habenden Gesetzen, Bundesraths-beschlüssen und Verträgen auch die Bedingungen enthält, die zum Schutze der Reichs-Telegraphen- und Fernsprechanlagen den Unternehmern elektrischer Starkstromanlagen (einschliesslich der elektrischen Strassen- und Kleinbahnen) im Allgemeinen auferlegt werden.

Möge das Hilfsbuch bei allen Berufsgenossen eine wohl-wollende Aufnahme finden!

Stettin, 1. April 1897.

Der Verfasser.

Inhaltsverzeichniss.

b) Baumaterialien für versenkte Linien.

B. Herstellung oberirdischer Telegraphenlinien.

Abschnitt III.
Apparate.

Abschnitt IV.
Stromquellen.
A. Primäre Batterien.

B. Sammler.

Abschnitt V.
Schaltungen.
A. Schaltungen für die Telegraphenleitungen.

B. Schaltungen für die Fernsprechleitungen.

Abschnitt VI.
Messkunde.
A. Messinstrumente.

B. Künstliche Widerstände.

C. Aichung.

D. Graduirung.

E. Technische Messungen.

a) Messungen an oberirdischen Leitungen.

b) Messungen an Kabelleitungen.

c) Messungen an galvanischen Elementen.

d) Messungen an Erdleitungen.

Abschnitt VII.

Gesetze
**Bundesrathsbeschlüsse, Verträge u. s. w., welche auf die
Herstellung und Sicherung der Reichs-Telegraphen- und
Fernsprechanlagen Bezug haben.**

Abschnitt I.

Allgemeines.

Die Beziehungsgleichungen und technischen Einheiten der elektrischen Grössen.

Grössenart	Beziehungs-gleichungen	Der technischen Einheiten			Bemerkungen
		Name	Zeichen	Werth in (c.g.s.)	
Elektromotorische Kraft (EMK) . .	$E = IR$	Volt	V	10^8	
Widerstand . . .	$R = \dfrac{E}{I}$	Ohm	Ω	10^9	$1\,\Omega = 1{,}063$ Siemens-Einheiten (SE)
		Megohm	$10^6\Omega$	10^{15}	ρ spec. Widerstand
	$= \varrho\,\dfrac{l}{q}$				1 Länge, q Querschnitt
Leitungsfähigkeit .	$\varkappa = \dfrac{1}{R}$	Mho	M	10^{-9}	
Stromstärke . .	$I = \dfrac{E}{R}$	Ampère	A	10^{-1}	
		Milli-ampère	$10^{-3}A$	10^{-4}	
Elektricitätsmenge	$\iota = IT$	Coulomb	C	10^{-1}	T Zeit
		Ampère-stunde	AS	360	
Kapacität . . .	$\varsigma = \dfrac{Q}{E}$	Farad	F	10^{-9}	
		Mikrofarad	$10^{-6}F$	10^{-15}	
Elektrische Leistg.	$? = EI$	Watt	W	10^7	$1\,W = \dfrac{1}{736}$ Pferdestärke (PS)
		Kilowatt	KW	10^{10}	
Elektrische Arbeit	$V = QE$	Volt-Coulomb	VC	10^7	
	$= I^2 RT$	Joule	J	10^7	
	$= PT$	Wattstunde	WS	$36 \cdot 10^9$	
Koefficient der Selbstinduktion	$L = \dfrac{I}{\mathfrak{S}}$	Kilowatt-stunde	KWS	$36 \cdot 10^{12}$	$\mathfrak{S}$ Zahl der Kraftlinien.
Koefficient der ge-genseitigen Induktion . . .		Henry	H	10^9	

Verschiedene Formeln.

Magnetisches Moment:

für gewöhnliche Magnete. $\mathfrak{M} = m \cdot l$
für Elektromagnete . . . $\mathfrak{M} = \infty \, N \cdot i$

[m Polstärke; l Polabstand; N Windungszahl der Magnetisirungsspirale; i magnetisirende Stromstärke].

Drehungsmoment eines Magnetes vom Momente $\mathfrak{M}$, dessen magnetische Axe mit den Kraftlinien eines Feldes $\mathfrak{H}$ den Winkel φ einschliesst,

$$= \mathfrak{H} \cdot \mathfrak{M} \cdot \sin \varphi.$$

Gesetz der Induktion:

$$E = \mathfrak{H} \cdot ds \cdot \frac{dx}{dt} \cdot \cos \psi \cdot \sin \varphi$$

[E inducirte EMK; $\mathfrak{H}$ Feldstärke; ds Stromelement; $\frac{dx}{dt}$ Geschwindigkeit der Bewegung; ψ Winkel zwischen Bewegungsrichtung und Ebene, die durch ds und eine ds schneidende Kraftlinie gelegt wird; φ Winkel, welchen ds mit Kraftlinien bildet].

Sprechgeschwindigkeit in Kabelleitungen:

$$= \frac{1}{R \cdot C} \; [\text{R Leitungswiderstand, C Kapacität}].$$

Begriffserklärungen.

Elektrisches Potential ist der Werth der virtuellen Energie, welche ein mit der Einheit der Elektricitätsmenge geladener Körper besitzt, wenn er sich in einem elektrischen Felde befindet.

Elektrolyse nennt man die chemische Zersetzung, welche Leiter II. Klasse (Elektrolyte) beim Stromdurchgang erleiden. Die Leiter I. Klasse, welche die Elektrolyse vermitteln, bezeichnet man als Elektroden, und zwar denjenigen Leiter, durch welchen die + Elektricität in die elektrolytische Zelle eintritt, als Anode, den anderen Leiter als Kathode. Die Produkte der Zersetzung heissen Ionen: das an der Anode sich entwickelnde elektronegative Ion wird Anion, das an der Kathode ausgeschiedene elektropositive Kation genannt.

Polarisation ist die EMK, welche bei der Elektrolyse durch die chemische Verwandtschaft der Zersetzungsprodukte hervorgebracht wird und der zersetzenden EMK entgegenwirkt.

Induktion wird die EMK genannt, welche ein galvanischer Strom oder — was nach der Ampère'schen Theorie dasselbe ist —

ein Magnetpol in einem Leiter inducirt, wenn dieser in dem magnetischen Felde bewegt wird oder. wenn eine Bewegung des Leiters zwar nicht stattfindet, dagegen eine Aenderung in der Stärke des Feldes eintritt. Inductionsströme entstehen bei Anwendung von galvanischen Strömen nicht nur in getrennten Leitern, sondern auch in den stromführenden Leitern selbst; letztere Erscheinung bezeichnet man als Selbstinduktion, den erzeugten Strom als Gegen- oder Extrastrom.

Wichtige Gesetze und Regeln aus der Elektricitätslehre.

Spannungsgesetz: Die E M K zweier Glieder der Spannungsreihe (+ Zink, Blei, Zinn, Eisen, Kupfer, Silber, Platin, Gold, Kohle —) ist gleich der Summe der E M K der Zwischenglieder.

Ohm: Für einen einfachen Stromleiter, der nur eine E M K enthält, gilt $E = IR$.

Kirchhoff: Bei verzweigten Strombahnen ist

1. $\Sigma I = 0$ für jeden Verzweigungspunkt;
2. $\Sigma E = \Sigma IR$ für jeden in sich selbst zurückgeführten Stromweg.

Die I und E sind hierbei mit dem Richtungsvorzeichen zu nehmen.

Folgerung: Bei einer Verzweigung verhalten sich die Stromstärken in den einzelnen Zweigen umgekehrt wie die Widerstände der Zweige. Für den gemeinschaftlichen Widerstand R mehrerer neben einander geschalteter Leiter vom Widerstande r gilt die Formel

$$\frac{1}{R} = \Sigma \frac{1}{r}.$$

Anwendung der Kirchhoff'schen Gesetze:
1. Nebenschluss (Shunt).

$$\frac{i}{i'} = \frac{r'}{r}$$

Wird $r' = \frac{1}{z} r$ gewählt, so ist

$$i' = \frac{i r}{\frac{1}{z} r} = i z.$$

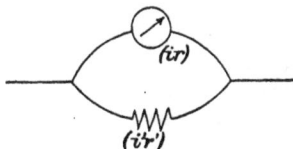

Fig. 1.

Da $I = i + i'$ ist, so ergiebt sich $i = \dfrac{I}{1 + z}$.

Für $\dfrac{1}{z} = \dfrac{1}{9}$ oder $\dfrac{1}{99}$ ist also $i = \dfrac{I}{10}$ bzw. $\dfrac{I}{100}$ d. h. der durch die Galvanometer-Umwindungen fliessende Strom ist in diesem Falle nur $\dfrac{1}{10}$ bzw. $\dfrac{1}{100}$ des zu messenden Stromes.

I. Allgemeines.

2. Wheatstone'sche Brücke.

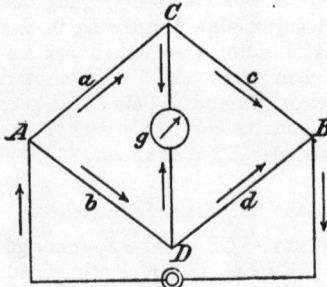

Fig. 2.

Voraussetzung: Der Diagonalzweig g ist stromlos.

Für den Stromkreis A C D gilt $i_a r_a - i_b r_b = 0$, für den Stromkreis B C D $i_c r_c - i_d r_d = 0$.

Hieraus folgt:
$$\frac{i_a r_a}{i_c r_c} = \frac{i_b r_b}{i_d r_d}.$$

Nun ist für C: $i_a - i_c = 0$
„ D: $i_b - i_d = 0$,
mithin $i_a = i_c$ und $i_b = i_d$.

Diese Werthe in obige Gleichung eingesetzt, ergiebt:

$$\frac{r_a}{r_c} = \frac{r_b}{r_d} \text{ oder } \frac{r_a}{r_b} = \frac{r_c}{r_d}.$$

Joule: Die Wärmemenge, welche ein Strom i in einem Leiter vom Widerstande r während t Sekunden erzeugt, ist

$$0{,}240 \cdot i^2 \cdot r \cdot t \text{ g-cal.}$$

Faraday: Die durch den Strom i während t Sekunden in einem Elektrolyt zersetzte oder ausgeschiedene Menge ist, wenn α das chemische Aequivalent des zersetzten oder ausgeschiedenen Körpers bezeichnet,

$$0{,}01039 \cdot \alpha \cdot i \cdot t \text{ mg.}$$

Biot-Savart: Die Wirkung eines Stromes auf einen einzelnen Magnetpol ist

$$ds \cdot \frac{i \cdot m}{r^2} \cdot \sin \alpha.$$

[ds Leiterelement; i Stärke des Stromes, welcher ds durchfliesst; m Polstärke; r Entfernung zwischen ds und dem Magnetpole; α Winkel, welchen ds mit seiner Verbindungslinie zum Magnetpol einschliesst].

Folgerung: Die Wirkung eines Stromes i auf einen Magneten mit zwei Polen vom Momente $\mathfrak{M}$ ist

$$ds \cdot \frac{i \cdot \mathfrak{M}}{r^2} \cdot \sin \alpha.$$

Ampère'sche Schwimmerregel: 1. Für Magnetnadeln innerhalb der Umwindungen eines Multiplikators: Schwimmt man mit dem $+$ Strome und blickt die Magnetnadel an, so liegt der abgelenkte Nordpol links.

2. **Für Elektromagnete**: Schwimmt man mit dem +Strome und blickt den Magnet an, so liegt der erzeugte Nordpol links.

3. **Für Solenoide**: Schwimmt man mit dem + Strome und blickt nach der Axe des Solenoids, so liegt der Nordpol des Ersatzmagnetes links.

Lenz'sche Regel für die Richtung der **Induktionsströme**: Der inducirte Strom hat eine solche Richtung, dass er durch seine elektrodynamische Wirkung dem Induktor eine Bewegung ertheilen würde, die derjenigen entgegengesetzt ist, durch welche er hervorgebracht worden ist.

Betriebsangaben.

Die Zahlen der nachstehenden Tabelle sind aus der technischen Litteratur zusammengestellt und nur als Durchschnittswerthe für den praktischen Gebrauch anzusehen.

Bezeichnung der Apparate	Der Elektromagnet-Umwindungen		Selbstinduktionskoefficient		Geringste Stromstärke, bei welcher der Apparat noch anspricht	Leistungsfähigkeit (Zahl der Worte in einer Stunde)	Bemerkungen
	Zahl	Widerstand SE.	bei abstehendem Anker u.s.w. H	bei aufliegendem Anker u.s.w. H	10⁻³A		
Morseapparat	13 000	600	13	18	1,10	400—800	
Klopfer	8 200	160	—	—	—	—	
Hughesapparat	17 000	1000	26	29	—	1200—1500	
Relais:							
gewöhnliches	12 000	340	—	—	1,15	—	
kleines	7 000	200	—	—	2,63	—	
grosses	18 000	1200	—	—	1,67	—	
neues	15 000	350	—	—	0,90	—	
Fernhörer (mit 2 Elektromagnetrollen) ..	—	200	0,09	0,14	0,0001	—	
Mikrophon ..	—	5	—	—	—	—	
Mikrophonübertrager ..	250 / 2900	1 / 210	—	—	—	—	Primäre Rolle aus 0,5 mm Draht, sekundäre Rolle aus 0,13mm Draht.
Fernsprechübertrager ..	4000 / 4000	210 / 265	—	—	—	—	Primäre und sekundäre Rolle aus 0,2 mm Draht.

Künstliche Kabel.

Die Konstruktion eines künstlichen Kabels wird durch Fig. 3 veranschaulicht. In derselben bezeichnen W künstliche Widerstände und C Kondensatoren. Σ W muss gleich dem Widerstande, Σ C gleich der Kapacität des Kabels sein, welches nachgebildet werden soll. Je grösser die Zahl der Widerstände und der Kondensatoren gewählt wird, desto mehr entspricht das künstliche Kabel in seiner Wirkung einem natürlichen.

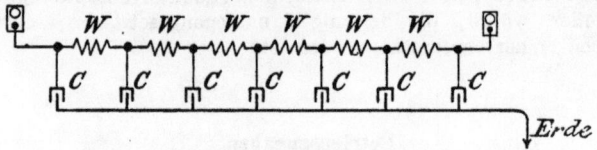

Fig. 3.

Künstliche oberirdische Leitungen. *)

Bei der Herstellung einer künstlichen oberirdischen Leitung sind folgende Grössen zu berücksichtigen: Widerstand, elektrostatische Kapacität, Ableitung in Folge von Isolationsfehlern und Selbstinduktion.

Widerstand und Kapacität werden in derselben Weise nachgebildet, wie bei künstlichen Kabeln. Da die mangelnde Isolation

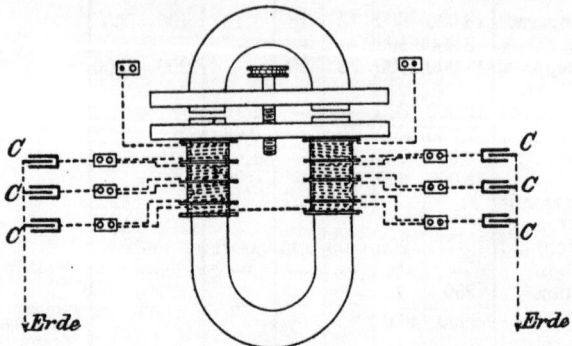

Fig. 4.

und der dadurch eintretende seitliche Stromverlust von verhältnissmässig geringer Bedeutung ist gegenüber den durch die

---

*) Mittheilungen aus dem Telegraphen-Ingenieurbüreau des Reichs-Postamts II.

Kapacität bewirkten Strom- und Spannungsverlusten, kann von der Herstellung einer Vorrichtung zur Nachbildung der Isolationsfehler im Allgemeinen abgesehen werden. Die Nachbildung der Selbstinduktion geschieht am besten in der Weise, dass jedem einzelnen Widerstande, wie ein besonderer Kondensator, so auch eine besondere Induktionsrolle mit einem angemessenen Selbstinduktionskoefficienten gegeben wird. Wo dies mit Rücksicht auf den zur Unterbringung der einzelnen Theile der Leitung zur Verfügung stehenden Raum nicht möglich ist, empfiehlt es sich, eine grössere Zahl von Einzelwiderständen zusammenzufassen und die Drähte auf hufeisenförmige Eisenkerne, welche aus weichem Eisendraht aufgebaut sind, zu wickeln. Der magnetische Schluss wird in diesem Falle durch einen Anker hergestellt, der ebenfalls aus Eisendrähten besteht und mittels einer Schraube in beliebigem Abstande von den Polen des Hufeisens eingestellt werden kann (Fig. 4).

Abschnitt II.
Telegraphen- und Fernsprechbau.

___

A. Baumaterialien und deren Veranschlagung.

a) Baumaterialien für oberirdische Linien.

Hölzerne Stangen.

Die in der Reichs-Telegraphenverwaltung verwendeten hölzernen Stangen sind Stammenden der Kiefer (pinus silvestris). Statt der Kiefer gelangen in einzelnen Gegenden auch zur Verwendung Fichte, Lärche, Weisstanne oder Eiche. Die Stangen werden entrindet, an den Aststellen glatt bearbeitet und, soweit sie in Hauptlinien Aufstellung finden, zum Schutze gegen Fäulniss nach dem Verfahren von Boucherie mit Kupfervitriol, ausnahmsweise auch mit Zinkchlorid, kreosothaltigen Theerölen oder Quecksilbersublimat zubereitet. Eichene Stangen gelangen stets roh zur Aufstellung.

Die Länge der Stangen beträgt 10, 8,5 oder 7 m, die Zopfstärke 15 cm, bei 7 m langen Stangen auch 12 cm. 3 m vom Stammende werden die Stangen mittels Brennstempels, beispielsweise, wie folgt, bezeichnet:

TV (Telegraphenverwaltung)
89 (Jahr der Zubereitung)
B (Art der Zubereitung: B für Zubereitung mit Kupfervitriol nach Boucherie,
Z für Zubereitung mit Zinkchlorid,
Cr für Zubereitung mit kreosothaltigen Theerölen,
K für Zubereitung mit Quecksilbersublimat nach Kyan.)
92 (Jahr der Einstellung in die Linie).

Die Zopfenden der Stangen werden dachartig mit 4 cm Abwässerungshöhe verschnitten, die Schnittflächen zweimal mit heissem Steinkohlentheer angestrichen und mit Sand bestreut.

Zubereitung der Stangen mit Kupfervitriol nach Boucherie. 10 m über dem Lager, welches die zu tränkenden Stangen in einer nach dem Zopfende zu geneigten Lage aufnimmt, wird das die Kupfervitriollösung (1½ Gewichtstheil Kupfervitriol auf 100 Gewichtstheile Wasser) enthaltende Gefäss aufgestellt, und der Inhalt des letzteren mittels eines Röhrensystems mit den Hirnflächen der Stammenden in Verbindung gebracht. Durch den natürlichen Druck der Flüssigkeitssäule wird die Lösung durch die Stämme getrieben. Sobald der ganze Splint am Zopfende eine schwachgrüne Färbung zeigt, ist das Verfahren beendet; die Zeit, welche hierzu durchschnittlich erforderlich ist, beträgt je nach den Abmessungen der Stangen, der Beschaffenheit des Holzes u. s. w. 9—13 Tage. Mit der Zubereitung soll spätestens 10 Tage nach dem Fällen der Hölzer begonnen werden.

Zubereitung der Stangen mit Zinkchlorid nach Burnett Die Stangen werden mittels eiserner Wagen in den Zubereitungscylinder geschoben und, nachdem dieser luftdicht verschlossen ist, mindestens zwei Stunden lang der Einwirkung von Wasserdampf ausgesetzt, welcher nach der ersten halben Stunde in dem Cylinder eine Temperatur von 100° C. erreicht haben muss. Darauf wird mittels Luftpumpe im Cylinder eine Luftleere von höchstens 523 mm Quecksilberstand hergestellt und etwa 30 Minuten lang unterhalten. Nach Ablauf dieser Zeit lässt man unter anhaltender Luftentleerung die Chlorzinklösung (von mindestens 3° Beaumé) durch den äusseren Luftdruck in den Cylinder steigen, bis dieser gefüllt ist. Schliesslich wird mittels der Druckpumpe ein Druck von 7 Atmosphären erzeugt und mindestens 1 Stunde lang unterhalten.

Die Gesammtdauer der Zubereitung der Hölzer nach dieser Methode beläuft sich im Durchschnitt auf 5—6 Stunden.

Zubereitung der Stangen mit kreosothaltigen Theerölen nach Bethell. Nachdem die Stangen in einem Trockenofen so lange der Einwirkung der bis zu 100° C. erhitzten Luft ausgesetzt worden sind, bis alle Feuchtigkeit aus dem Holze entfernt ist, werden sie möglichst noch in heissem Zustande in den Zubereitungscylinder eingeführt. In demselben wird mittels Luftpumpe eine Luftleere von höchstens 523 mm Quecksilberstand erzeugt und 30 Minuten lang unterhalten. Nach Ablauf dieser Zeit lässt man unter fortgesetzter Luftentleerung das kreosothaltige Theeröl durch den äusseren Luftdruck in den Cylinder steigen, bis dieser gefüllt ist. Darauf wird mittels Druckpumpe ein Druck von 6—7 Atmosphären erzeugt und etwa 45 Minuten lang unterhalten.

Die Dauer dieses Zubereitungsverfahrens ist, wie sich aus Vorstehendem ergiebt, sehr verschieden; im günstigsten Falle sind zur Zubereitung der Stangen nur 8—10 Stunden, u. U. aber auch mehrere Tage erforderlich.

Zubereitung der Stangen mit Quecksilbersublimat nach Kyan. Die Stangen werden in einem Bottich schichtweise so gelagert, dass sie weder den Bottich, noch sich selbst unter einander unmittelbar berühren. Darauf wird der Bottich mit der Sublimatlösung (1 Gewichtstheil Quecksilbersublimat auf 150 Gewichtstheile Wasser) gefüllt und mit Dielen zugedeckt. 8—13 Tage bleiben die Hölzer, je nach ihren Abmessungen, eingelaugt; alsdann wird die Lauge aus dem Bottich ausgepumpt und der Sublimatniederschlag von den Stangen durch Abspülen mit Wasser und Abkehren entfernt; die Stangen werden darauf aus dem Bottich entnommen und in freier Luft zum Trocknen aufgeschichtet.

Nach dem ›Archiv für Post und Telegraphie‹ (Jahrgang 1890) stellen sich die Durchschnittssätze für die Zubereitung von 1 Raummeter Kiefernholz, wie folgt:

bei der Verwendung von Kupfervitriol	auf rd.	10 M.
› Zinkchlorid	›	7—8 M.
› kreosothaltigen Theerölen	›	21—22 M.
› Quecksilbersublimat	›	14—15 M.

Nach derselben Quelle besitzen Stangen in nicht zubereitetem Zustande eine Dauer von 4—5 Jahren, bei ihrer Zubereitung mit

Kupfervitriol	›	›	› 10—14 ›
Zinkchlorid	›	›	› 8—12 ›
kreosothaltigen Theerölen	›	›	› 15—20 ›
Quecksilbersublimat	›	›	› 9—10 ›

Zu veranschlagen sind an Stangen bei normalen Verhältnissen für je 10 km Linie 133 Stück, und zwar

für Hauptlinien an Eisenbahnen Stangen von 7 m Länge und 15 cm Zopfstärke,

› Kunststrassen u. s. w. Stangen von 8,5 m Länge und 15 cm Zopfstärke;

› Nebenlinien Stangen von 7 m Länge und 12 cm Zopfstärke.

Eiserne Stangen.

Zu eisernen Stangen wird T- und I-Eisen benutzt. Die Anwendung eiserner Stangen beschränkt sich auf diejenigen Fälle, in denen diese Stangen nicht erheblich theurer als hölzerne zu beschaffen sind, und die Verwendung des widerstandsfähigeren Eisens im Interesse der Standfestigkeit der Anlage geboten erscheint.

Rohrständer.

Die zur Herstellung der Dachgestänge in S t a d t - F e r n - s p r e c h e i n r i c h t u n g e n verwendeten Rohrständer sind schmiedeeiserne Rohre von 5 mm Wandstärke. Für gewöhnlich werden sie aus 2 Rohrstücken zusammengesetzt, von denen das eine einen äusseren Durchmesser von 75 mm, das andere einen solchen von 67 mm besitzt.*)

Die Zusammensetzung erfolgt in der Weise, dass in das stärkere Rohrstück ein Muttergewinde mit einer Gangtiefe von 1 mm eingeschnitten, und in dieses das mit einem passenden Schraubengewinde versehene schwächere Rohr etwa 10 cm tief eingeschraubt wird. Die Länge der Rohrständertheile richtet sich nach der Zahl der an dem betreffenden Gestänge anzubringenden Leitungen, sowie nach den in Betracht kommenden örtlichen Verhältnissen; der schwächere Oberthheil soll mindestens so lang sein, dass er sämmtliche an dem Gestänge anzubringenden Isolationsvorrichtungen aufzunehmen vermag. Das freie Ende des Rohrständeroberthheils wird zur Verhütung des Eindringens von Regenwasser in den Rohrständer mit einem gusseisernen, etwa 2 kg schweren Knopf abgeschlossen.

Im T e l e g r a p h e n b a u finden Rohrständer zur Herstellung von Leitungsstützpunkten im Allgemeinen nur dann Verwendung, wenn es darauf ankommt, einer Telegraphenanlage mit Rücksicht auf die Umgebung ein gefälligeres Ansehen zu geben oder wenn zur Aufstellung der stärkeren Holzstangen stellenweise nicht genügend Raum vorhanden ist.

Mauerbügel.

Mauerbügel werden vorzugsweise aus Flacheisen von 40/10 mm Stärke hergestellt. Für das zur Aufnahme der Isolatoren bestimmte senkrechte Bügelstück gelangt an Stelle des Flacheisens vielfach ein schmiedeeisernes Rohr von 30—40 mm Durchmesser zur Verwendung (Fig. 5). Bügel von mehr als 30 cm Ausladung erhalten eine Verstrebung nach unten. (Fig. 6.)

Querträger.

Die Querträger bestehen aus je 2 Flacheisenschienen, die durch Niete aus 10 mm starkem Rundeisen mit vorgearbeiteten Köpfen mit einander verbunden sind und durch Flacheisenringe, welche die Niete umgeben, in dem vorgeschriebenen Abstande von einander gehalten werden. Die Befestigung der

---

*) Gewicht der Rohre für das laufende Meter rd. 9,25 bezw. 8 kg.

Querträger an den Gestängen erfolgt mittels Ziehbänder und
Vorlegeplatten. Abmessungen und Gewicht der verschiedenen

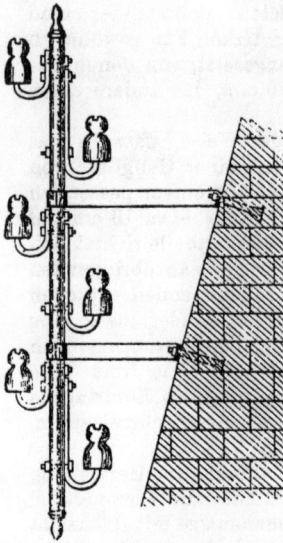

Fig. 5.

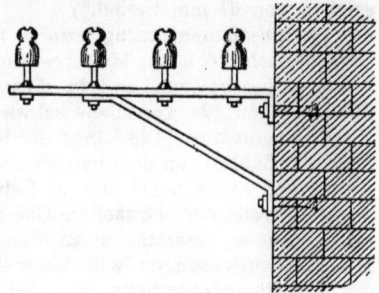

Fig. 6.

zur Verwendung gelangenden Träger sind aus der auf Seite 13
abgedruckten Tabelle ersichtlich.

Bei den Querträgern zu 2 Leitungen werden die Schienen
genau in der Mitte auf 10 mm Tiefe ausgeschnitten, um eine
sichere Befestigung der Träger an den Rohrständern zu er-
möglichen. Zu dem gleichen Zwecke werden bei den übrigen
Querträgern für einfache Gestänge (zu 4 und 6 Leitungen) auf
den Aussenflächen der Schienen, und zwar genau in der Mitte

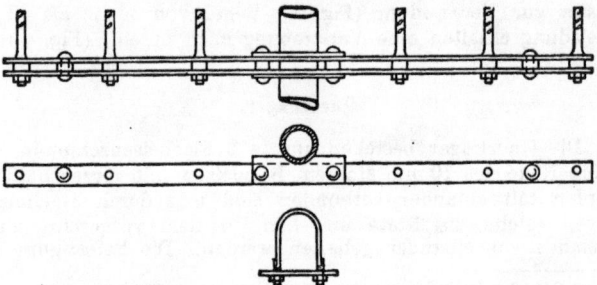

Fig. 7.

Bezeichnung der Querträger	Länge der Querträger m	Der Flacheisenschienen Abmessungen mm	Abstand mm	Gewicht der Querträger kg	je 1 zugehörigen Ziehbandes mit Vorlegeplatte kg	Bemerkungen
	Für die Leitungen der Stadt-Fernsprecheinrichtungen.					
	a) an eisernen Gestängen.					
zu 2 Leitungen	0,40	35/7	20	2,—	1,8	Besondere Art: Abspannvorrichtung für Schleifleitungen nach Fernsprech-Zwischenstellen.
» 6 »	1,—	35/7	20	4,25	1,8	
»20 »	3,40	35/7	20	13,50	1,8	Flacheisenschienen bei Verwendung der Querträger an Abspanngestängen e.F. 40/7 mm stark.
»30 »	5,10	35/7	20	20,50	1,8	Diese Träger werden auch zusammensetzbar konstruirt.
	b) an Holzgestängen.					
» 6 »	1,10	40/7	20	5,—	2,5	
»20 »	3,60	40/7	20	14,50	2,5	
	Für Fernsprech-Verbindungsleitungen an eiseren Gestängen.					
» 2 »	0,45	40/7	20	2,50	2,—	
» 4 »	1,11	40/7	20	6,50	2,—	
» 8 »	2,45	40/7	20	14,—	2,—	
	Für Telegraphen- und Fernsprech-Verbindungsleitungen an Holzgestängen.					
» 4 »	1,24	50/10	30	9,—	2,5	
» 8 »	2,71	50/10	30	20,50	2,5	

derselben., Flacheisenstücke mit einem, dem Durchmesser der Stange bzw. des Rohrständers entsprechendem Ausschnitte aufgenietet.

Fig. 7 stellt einen Querträger zu 6 Leitungen für eiserne Dachgestänge nebst Ziehband u. s. w. dar.

Winkelstützen.

Man unterscheidet
a) Winkelstützen zu 2 bzw. 3 Telegraphenleitungen (Fig. 8),
b) Winkelstützen für Fernsprech-Verbindungs-(Doppel-) Leitungen (Fig. 9).

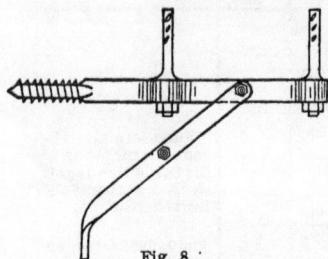 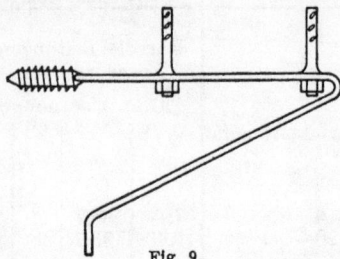

Fig. 8.　　　　　　　　　　Fig. 9.

Die Winkelstützen werden aus Schmiedeeisen hergestellt und mit geraden Isolatorstützen I ausgerüstet.

Konsole für Untersuchungsstationen und Leitungsabzweigungen.

An hölzernen Stangen gelangen Konsole aus Schmiedeeisen, an Querträgern und Winkelstützen Konsole aus Stahl zur Verwendung. Die Form der Konsole wird durch die Figuren 10 und 11 veranschaulicht.

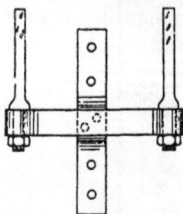 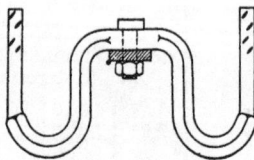

Fig. 10.　　　　　　　　　Fig. 11.

Doppelglocken.

Das zur Herstellung der Doppelglocken verwendete Porzellan soll einen muscheligen, feinkörnigen, glänzenden Bruch zeigen, vollständig weiss sein und weder im Inneren, noch im Aeusseren Risse haben. Die Glasur soll die ganze innere und äussere

Oberfläche der äusseren Glocke und des inneren
Cylinders — mit Ausnahme des unteren Randes
der äusseren Glocke — bedecken und keine
Blasen oder schwarze Punkte aufweisen.

Die Form der Doppelglocken I und II[*]) ist
aus Fig. 12 ersichtlich; bei den Doppelglocken III
fehlt das obere Drahtlager, sonst sind dieselben
ebenfalls nach Fig. 12 hergestellt.

Die Abmessungen der verschiedenen Glocken
ergeben sich aus folgender Zusammenstellung:

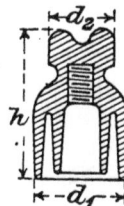

Fig. 12.

Bezeichnung der Doppelglocken	Höhe (h) mm	Durchmesser		Bemerkungen
		unten (d₁) mm	oben (d₂) mm	
I	140	86	60	
II	100	70	50	
III	80	60	40	

Zu veranschlagen sind an Doppelglocken:

α) für jeden Stützpunkt und jede Leitung 1 Stück, und
zwar

Doppelglocken I für Hauptlinien,

      „   II für Nebenlinien und Fernsprech-Verbindungs-
leitungen an eisernen Gestängen,

      „   III für Amtseinführungen, Ueberführungssäulen
bzw. Ueberführungskasten und für die Lei-
tungen der Stadt-Fernsprecheinrichtungen;

β) als Vorrath für Bruch 1% der nach α berechneten Glockenzahl.

Im trockenen Zustande besitzen die Glocken, gleichviel ob
sie neu oder bereits gebraucht sind, einen Isolationswiderstand von mehr als $5000 \cdot 10^6 \, \Omega$.

Isolatorstützen.

Die Form der verschiedenen Isolatorstützen ist aus den
Figuren 13, 14 und 15 ersichtlich; die Abmessungen ergeben
sich aus folgender Zusammenstellung:

---

[*]) 1858 vom General-Telegraphendirector Chauvin angegeben.

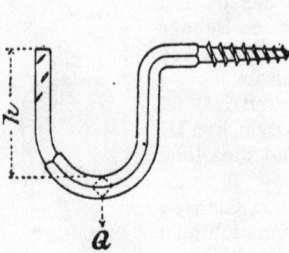
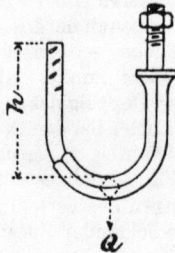
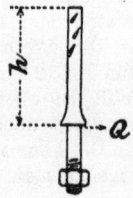

Fig. 13.   Fig. 14.   Fig. 15.

Bezeichnung der Stützen	Des gefährlichen Querschnitts (Q) Seitenlänge bzw. Durchmesser mm	Länge des Hebelarmes (h) mm	Bemerkungen
	Hakenförmige Schraubenstützen und u-förmige Stützen.		
I	20	144	
II	16	115	Besondere Form: Einschiebestützen.
III	12	96	
	Gerade Stützen.		
I	19,5	155	
II	16	115	
III	10	96	

Die Stützen I werden aus Schmiedeeisen, die Stützen III aus Stahl, die Stützen II je nach der voraussichtlichen Beanspruchung aus Eisen oder Stahl hergestellt.

U-förmige Stützen, welche an eisernen Stangen oder Mauerbügeln befestigt werden sollen, erhalten die in Fig. 5 dargestellte Form.

Zu veranschlagen ist für jeden Stützpunkt und jede Leitung eine Stütze.

Eisendraht.

Der Draht soll einen genau kreisrunden Querschnitt haben, nirgends Furchen, Risse oder Splitter besitzen und auf dem Bruche eine gleichmässig matte, hellgraue Farbe und ein faseriges

Ansehen zeigen. Der Zinküberzug soll den Draht überall zusammenhängend bedecken und so fest an dem Drahte haften, dass letzterer in eng aneinander liegenden Spiralwindungen um einen Cylinder, dessen Durchmesser zehnmal grösser ist, als der des Drahtes, fest umwickelt werden kann, ohne dass der Zinküberzug Risse bekommt oder abblättert.

Die mechanischen und elektrischen Eigenschaften der verschiedenen in der Reichs-Telegraphenverwaltung gebräuchlichen Drahtsorten, sowie die für 1 km Leitung zu veranschlagenden Drahtmengen sind aus der Tabelle auf Seite 18 ersichtlich.

Broncedraht.

Der Draht soll durchgängig einen genau kreisrunden Querschnitt haben, nirgends Furchen, Risse oder Splitter zeigen und im Inneren von gleichmässiger Masse sein.

Die mechanischen und elektrischen Eigenschaften der verschiedenen, zur Verwendung gelangenden Drahtsorten, sowie die für 1 km Leitung zu veranschlagenden Drahtmengen ergeben sich aus der Tabelle auf Seite 19.

Ebonitschutzglocke.

Die Glocke (Fig. 16) besteht aus dem Mantel und dem in diesen eingeschraubten Kopf; in letzteren ist ein 2 mm starker Broncedraht so dicht eingesetzt, dass zwischen Draht und Ebonit Feuchtigkeit nicht in die Glocke eindringen kann. Mit dem aus dem Kopfe herausragenden Theil des Drahtes wird das Ende der am Einführungs- u. s. w. Isolator abgespannten blanken Leitung, mit dem in der Glocke befindlichen ösenförmig umzubiegenden Theil die isolirte Leitung verbunden.

Fig. 16.

Bleirohrkabel.

Es gelangen zur Verwendung Kabel mit 1 Ader und Kabel mit 4 Adern. Jede Ader besteht aus einem 1,5 mm starken Kupferdraht, welcher mit Guttapercha umpresst und darüber mit getheertem Hanf oder Jutegarn umsponnen ist. Bei den 4 adrigen Kabeln werden die vereinigten Adern vor der Aufbringung des Bleimantels noch mit getheertem Hanfbande umwickelt.

Tabelle für verzinkte Eisendrähte.

Durch-messer mm	Absolute Festigkeit (40 kg auf 1 mm² Querschnitt) kg	Zahl der zulässigen			Elektrischer Widerstand für 1 km bei 15° C. SE	Bedarf an Draht für 1 km Leitung kg	Verwendung des Drahtes	Bemerkungen
		Biegungen im rechten Winkel	Torsionen bei einer freien Länge des Drahtes von 15 cm und einer Torsionsgeschwindigkeit von 15 Umdrehungen in 10 Sekunden	Eintauchungen von je 1 Min. Dauer in eine Lösung von 1 Gewichtstheil Kupfervitriol in 5 Gewichtstheile Wasser				
6	1130	6	16	8	4,95	230,—	Zu den internationalen und grossen inländischen Leitungen	
5	785	7	19	8	7,15	158,5	Zu den übrigen Leitungen der Hauptlinien	
4	502	8	23	7	11,15	102,5		
3	282	8	28	7	19,80	58,—	Zu den Leitungen der Nebenlinien und als »leichte Leitung«	
2	125	14	32	6	—	3,5 für je 100 Bindungen	Bindedraht	
1,7	90	16	38	6	—	—	Wickeldraht	

Tabelle für Broncedrähte.

Durchmesser mm	Absolute Festigkeit (für den 1,5 mm starken Draht 70 kg, für die übrigen Drahtsorten 50 kg auf 1 mm² Querschnitt) kg	Zahl der zulässigen Biegungen im rechten Winkel	Zulässige Ausdehnung des Drahtes bis zum Bruch bei einer Temperatur zwischen 10° u. 15° C. %	Elektrischer Widerstand für 1 km bei 15° C. SE	Bedarf an Draht für 1 km Leitung kg	Verwendung des Drahtes	Bemerkungen
4,5	795	6	0,5	1,29	147	Zu Telegraphenleitungen und zu Fernsprech-Verbindungsleitungen über 150 km Länge	
4	640	7	0,5	1,63	116		
3	372	7	0,5	2,9	65	Desgl, ausserdem als »leichte Leitung« für 4,5 mm starke Ltgn.	
2	165	7	0,5	6,5	29	Zu Fernsprech-Verbindungsleitungen bis 150 km Länge und als »leichte Leitung« für 4mm starke Leitungen	Ausgeglüht als Bindedraht für die Ltgn von 4 und 4,5 mm Stärke (je 100 Bindungen 3,5 kg)
1,5	130	11	1,—	16,9	17	Zu den Leitungen der Stadt-Fernsprecheinrichtungen	Ausgeglüht als Bindedraht für die Ltgn von 1,5, 2 und 3 mm Stärke (je 100 Bindungen 1,6 kg)

Gummikabel.

Die Gummikabel bestehen aus Kupferdrahtlitzen, deren jede durch Gummi isolirt, demnächst mit imprägnirtem Faserstoff überzogen und schliesslich mit einem Staniolstreifen umwickelt ist. Die vereinigten Leitungsadern werden, nachdem zwischen sie an verschiedenen Stellen Erdleitungsdrähte eingelegt sind, mit einem gleichfalls imprägnirten Bande umwickelt und über letzterem mit einer Bleihülle umgeben.

b) Baumaterialien für versenkte Linien.

Telegraphenkabel mit Guttaperchaisolirung.

Es gelangen gegenwärtig ausschliesslich Guttaperchakabel mit 4 und 7 Adern zur Verwendung. Jede Ader besteht aus einer zweifach mit Guttapercha umpressten Litze von 7 je 0,7 mm starken Kupferdrähten. Die Gruppirung der Adern in einem 7adrigen Guttaperchakabel ergiebt sich aus Fig. 17; letztere

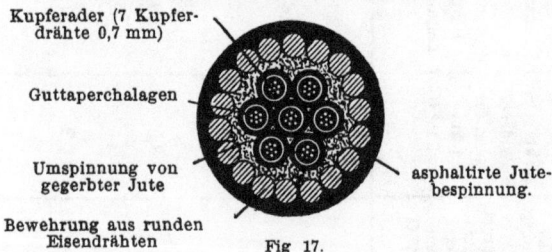

Kupferader (7 Kupferdrähte 0,7 mm)

Guttaperchalagen

Umspinnung von gegerbter Jute

Bewehrung aus runden Eisendrähten

asphaltirte Jutebespinnung.

Fig 17.

lässt auch die Umhüllung der Adern mit gegerbter Jute, sowie die von einer asphaltirten Jutebespinnung umgebene Eisendrahtbewehrung, welche übrigens für die in Wasser zu verlegenden Kabel entsprechend stärker hergestellt wird, deutlich erkennen.

Leitungswiderstand höchstens 7,5 SE, Isolationswiderstand mindestens $500 \cdot 10^6$ SE, Kapacität etwa $0,24 \cdot 10^{-6}$ F für 1 km bei 15° C.

Telegraphenkabel mit Faserstoffisolirung und Bleimantel.

Faserstoffkabel werden z. Zt. nur als Erd- oder Röhrenkabel verwendet, jede Gattung in Typen zu 4, 7 und 14 Leitungen. Entsprechend der Zahl der an der Lieferung betheiligten Fabriken kommen 3 verschiedene Kabelsorten vor:

1. Kabel von Siemens & Halske in Berlin und von Franz Clouth in Coeln-Nippes. Die Kabel beider Firmen

weichen nicht wesentlich von einander ab, weshalb hier in
Fig. 18 nur ein 4adriges Röhrenkabel von Siemens & Halske

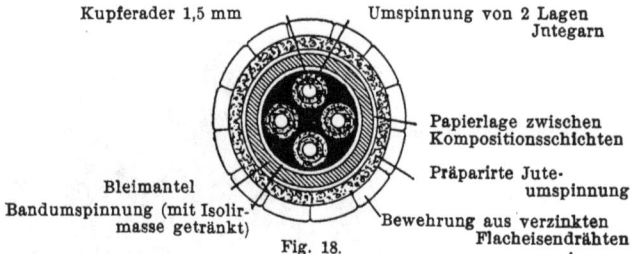

Kupferader 1,5 mm

Umspinnung von 2 Lagen
Jutegarn

Papierlage zwischen
Kompositionsschichten

Präparirte Jute-
umspinnung

Bleimantel

Bandumspinnung (mit Isolirmasse getränkt)

Bewehrung aus verzinkten
Flacheisendrähten

Fig. 18.

im Querschnitt abgebildet worden ist. Art und Anordnung der
einzelnen Theile ergeben sich aus den seitlichen Bezeichnungen.
Die in die Erde zu verlegenden Kabel werden über der Bewehrung noch mit einer zwischen 2 Asphaltschichten gelagerten
Jutebespinnung umgeben.

　　2. Kabel von Felten & Guilleaume in Mülheim (Rhein).
Die Konstruktion dieser Kabel ergiebt sich aus Fig. 19, welche

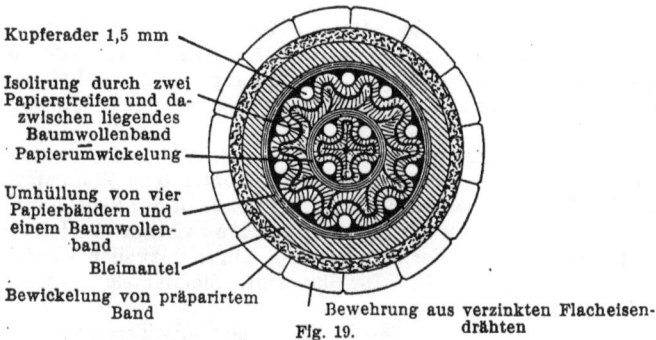

Kupferader 1,5 mm

Isolirung durch zwei
Papierstreifen und da-
zwischen liegendes
Baumwollenband
Papierumwickelung

Umhüllung von vier
Papierbändern und
einem Baumwollen-
band

Bleimantel

Bewickelung von präparirtem
Band

Bewehrung aus verzinkten Flacheisendrähten

Fig. 19.

ein 14adriges Röhrenkabel im Querschnitt darstellt. An Stelle
der Bewehrung aus verzinkten Flacheisendrähten erhalten die
Erdkabel eine doppelte geschlossene Bewehrung aus 1 mm
starkem Stahlband, welche noch mit einer Compoundschicht
umgeben wird.

　　Die Stärke des Bleimantels schwankt bei allen 3 Kabel-
sorten zwischen 1,4 und 1,8 mm. Leitungswiderstand 10—11 S E,
Isolationswiderstand mindestens $500 \cdot 10^6$ S E, Kapacität 0,16—0,24
$\cdot 10^{-6}$ F für 1 km bei 15° C.

Fernsprechkabel.

Als Fernsprechkabel werden 56adrige Kabel mit Luftraum- und Papierisolirung verwendet. Fig. 20 stellt den Querschnitt

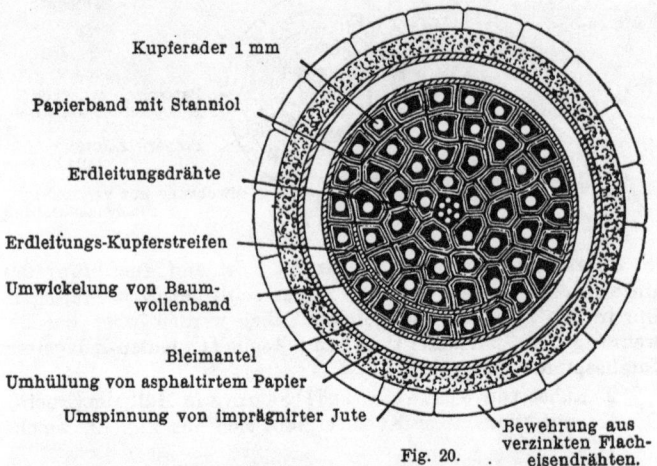

Kupferader 1 mm

Papierband mit Stanniol

Erdleitungsdrähte

Erdleitungs-Kupferstreifen

Umwickelung von Baum-
wollenband

Bleimantel
Umhüllung von asphaltirtem Papier

Umspinnung von imprägnirter Jute

Bewehrung aus
verzinkten Flach-
eisendrähten.

Fig. 20.

eines solchen Kabels dar. Das zur Isolirung dienende Papierband wird um den 1 mm starken Kupferleiter entweder in
geschlossener Spirale gelegt oder der Länge nach gefaltet und
in dieser Lage mittels Baumwollfäden oder Papierstreifen festgehalten.

Zur Dämpfung der Induktion von einer Ader auf die andere
dient ausser den Erdleitungsdrähten Stanniol oder Zinnpapier,
welches die Adern, sämmtlich oder theilweise, in der Regel spiralförmig umgiebt. Statt der Erdleitungsdrähte zwischen der letzten
und vorletzten Lage der Kabeladern gelangen bisweilen Kupfer-
bänder zur Verwendung. Die Stärke des Bleimantels schwankt
zwischen 2 und 2,4 mm.

Leitungswiderstand 23—30 SE, Isolationswiderstand min-
destens $100 \cdot 10^6$ SE, Kapacität $0,08$—$0,12 \cdot 10^{-6}$ F für 1 km bei
15^0 C.

Wetterbeständige Kabel.

Es gelangen zur Verwendung Kabel mit 4, 7, 14 und 28
Adern. Zur Isolirung der massiven Kupferleiter dient vulkani-
sirter Gummi. Die Adern werden sowohl einzeln als im Ganzen
mit Isolirband umwickelt und darauf mit Blei umpresst. Zum
Schutze des Bleimantels dient je eine Lage von weissem imprägnirtem Band, Isolirband, Papier und Asphaltskomposition. Eine
Eisendrahtbewehrung erhalten diese Kabel nicht.

Land- und Flusskabelmuffen.

Die Muffen werden aus Eisen hergestellt und haben die in Fig. 21 und 22 dargestellten Formen.

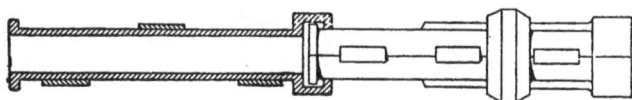

Fig. 21.

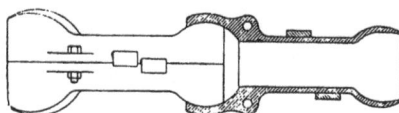

Fig. 22.

Löthmuffen.

Die Löthmuffe für Guttaperchakabel (Fig. 23) besteht aus 2 halbkreisförmig gebogenen, verzinkten Eisenblechen mit rechtwinklig abgeboge-nen Rändern. Die Ränder des einen Bleches tragen Stifte (mit []-förmigen Ausschnitten), die des an-deren sind mit entspre-

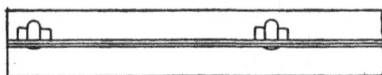

Fig. 23.

chenden Auslochungen versehen. Durch Aufeinanderlegen der beiden Bleche und Einschlagen von konischen eisernen Keilen in die Ausschnitte der Stifte werden beide Bleche zu einem festen Rohr verbunden. Die Oeffnungen der Rohrenden sind durch eingelöthete, halbkreisförmige Eisenstücke verengt.

Die Löthmuffe für Faserstoff- und Papierkabel ist ebenfalls zweitheilig konstruirt und umfasst, wie aus Fig. 24

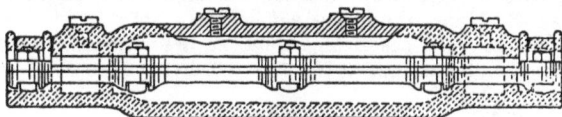

Fig. 24.

ersichtlich, 3 Kammern. Die mittlere Kammer dient zur Auf-nahme der eigentlichen Spleissstelle und wird mit Isolirmasse gefüllt, während die beiden seitlichen Kammern mit Asphalt ausgegossen werden.

Für Telegraphenkabel mit Faserstoffisolirung wird die Muffe in 2 Modellen hergestellt, von denen das weitere für die 14adrigen, das engere für die 4- und 7adrigen Kabel bestimmt ist. Für Fern-sprechkabel ist ein besonderes Modell in Gebrauch.

Gusseiserne Muffenrohre für Kabelrohranlagen.

Gewicht und Abmessungen der zur Verwendung gelangenden Rohre ergeben sich aus der nachstehend abgedruckten Normaltabelle des Vereins deutscher Ingenieure und des Vereins für Gas- und Wasser-Fachmänner. Die Rohre sollen innen und aussen gut asphaltirt und im Inneren frei von Unebenheiten sein.

Laufende Nr.	Lichte Weite mm	Wand- stärke mm	Aeusserer Muffen- durch- messer mm	Innerer Muffen- durch- messer mm	Tiefe der Muffen mm	Gewicht für das laufende Meter ein- schliesslich der Muffe kg	Baulänge m
1	100	9	186	133	88	24,25	3
2	125	10	213	158	91	31,38	3
3	150	10	242	185	94	39,06	3
4	175	10,5	270	211	97	47,90	3
5	200	11	299	238	99	57,—	3
6	225	11,5	315	264	100	66,73	3
7	250	12	351	291	101	77,09	4
8	300	13	406	343	104	100,—	4
9	350	14	460	394	106	122,06	4
10	400	14,5	518	448	109	147,21	4

B. Herstellung oberirdischer Telegraphenlinien.

Allgemeines.

Zur Anlage der Telegraphenlinien werden vorzugsweise die Eisenbahnen und Kunststrassen benutzt. An Eisenbahnen werden die Linien thunlichst auf der dem herrschenden Winde abgekehrten Seite des Bahngebiets, an Kunststrassen dagegen auf der dem herrschenden Winde zugekehrten Seite des Strassengebiets geführt.

Im Uebrigen sind für die Führung der Telegraphenlinien massgebend die Bestimmungen der Bundesrathsbeschlüsse vom 21. December 1868 und 25. Juni 1869, sowie der mit den Eisenbahnverwaltungen abgeschlossenen Verträge. *)

Herstellung der Stützpunkte des Leitungsdrahtes.

Aufstellung der Stangen. In ebenem Boden werden die Stangen auf $^1/_5$, an Böschungen auf $^1/_4$, bei felsigem Boden auf $^1/_7$ ihrer Länge

---

*) Siehe Abschnitt VII.

in die Erde eingestellt. Die zur
Aufnahme der Stangen erforderlichen Löcher werden gegraben
oder gebohrt, in Felsboden ge-
brochen oder eingesprengt. Stangen aus **T**- und **I**-Eisen werden
zwecks Einstellung in die Erde
am unteren Ende aufgeschlitzt,
und die hierdurch entstehenden
beiden Enden in der durch Fig. 25
veranschaulichten Weise aus-
einandergebogen. Zur Verhinderung des Einsinkens in die
Erde wird bei weichem Boden
der untere Theil des Stangenloches
mit je einer Lage von Steinen
und Kies ausgefüllt, und ausserdem zwischen den auseinander-
gebogenen Enden ein hölzerner
Stangenabschnitt gelegt.

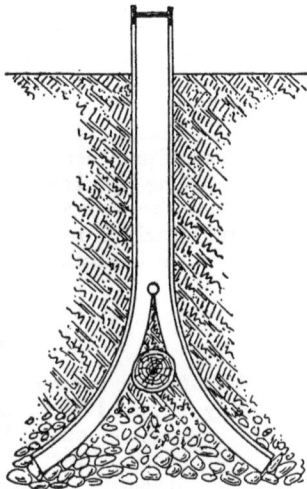

Fig. 25.

Wo die örtlichen Verhältnisse
das Einstellen der Stangen in die
Erde nicht gestatten, wie an Felswänden, massiven Brücken u. dgl.,
werden die Stangen gewöhnlich mittels eiserner Schellen und
erforderlichen Falls durch Unterstützung mittels Dorn an dem
Festobjekt befestigt. Die Schellen sind in derartigen Fällen mit
Steinschrauben in die Felswand bzw. in das Mauerwerk u. s. w.
hinreichend tief einzulassen und demnächst einzugypsen oder
zu verbleien.

Aufstellung der Rohrständer. Rohrständer erhalten behufs
ihrer Aufstellung an ihren Fusspunkten entsprechende Vorrichtungen: gewöhnlich einen gusseisernen Dreifuss mit Stiefel,
wie solcher bei den Gaskandelabern Verwendung findet, oder
eine mit dem unteren Ende des Rohrständers durch Einbleien
oder Einkeilen zu verbindende Erdschraube; u. U. lässt sich auch
vortheilhaft eine Fundirung mittels Steinquaders bewirken, in
welchen der Rohrständer direkt eingesetzt und mittels Cement
befestigt wird.

Befestigung der Mauerbügel. Die Befestigung der Mauerbügel an Gebäuden, Brückenpfeilern u. dgl. erfolgt mittels Steinschrauben, welche in das Mauerwerk eingelassen und mit Blei,
Cement oder Gyps befestigt werden (Fig. 5 und 6).

Ausrüstung der Stangen u. s. w. mit Isolationsvorrichtungen.
Die Verbindung der Stützen mit den Doppelglocken findet in
der Regel bereits in den Materialienmagazinen statt, indem um das
entsprechende Ende der Stützen gefirnisster Hanf gewickelt wird,

und auf diesen die Glocken aufgedreht werden. Die Befestigung der Isolationsvorrichtungen an den Stangen u. s. w. hat stets vor der Aufstellung der letzteren zu erfolgen; in Bezug auf die Gruppirung der Isolatoren gelten folgende Vorschriften: Der oberste Isolator ist auf derjenigen Stangenseite anzubringen, welche der Strasse zugekehrt werden muss, und zwar 3 cm unter dem tiefsten Punkt der dachartigen Abschrägung des Zopfendes. Bei Herstellung mehrerer Leitungen sind die Isolatoren an den Stangen u. s. w. wechselständig zu gruppiren; der Abstand der Isolatoren unter sich soll für gewöhnlich 24 cm, an Ueberwegen u. s. w. 15 cm betragen.

Besondere Konstruktionen für die Stützpunkte des Leitungsdrahtes.

Angeschuhte Stangen. Angeschuhte Stangen werden verwendet, wenn die Leitungsdrähte über hohe Gegenstände hinwegzuführen sind und Stangen von der erforderlichen Länge nicht zur Verfügung stehen. Die am häufigsten vorkommende Konstruktion angeschuhter Stangen ergiebt sich aus Fig. 26. Statt der beiden Fussstangen lassen sich u. U. zweckmässig alte Eisenbahnschienen (bei veränderter Befestigung mit der Tragestange) verwenden.

Doppelständer. Die Konstruktion eines Doppelständers wird durch Fig. 27 veranschaulicht. Die beiden Stangen sind an ihrem Zopfende auf 45 bis 60 cm abgeschrägt, mit den abgeschrägten Flächen zusammengelegt und durch zwei eiserne Bolzen von 20 mm Stärke mit Köpfen, Unterlegescheiben und Muttern fest verbunden. Der lichte Abstand der beiden inneren Stangenoberflächen von einander, auf 1,60 m

Fig. 26.

vom Stammende gemessen, soll bei 7 m langen Stangen nicht unter 65 cm, bei 8,5 m langen Stangen nicht unter 80 cm betragen. Die 30 cm vom Stammende auf beiden Seiten des Ständers angebrachten Querriegel sind der Form der Stangen entsprechend angeschnitten und mit Holzdübeln an letzteren befestigt. In der Mitte der Ständerhöhe ist ein aus einem Stangenabschnitte gefertigter Holzriegel zwischen beide Stangen eingepasst; derselbe wird mittels eines durch ihn hindurchgehenden eisernen Bolzens von 20 mm Stärke mit Kopf, Unterlegescheibe und Mutter in seiner Lage festgehalten. Durch die Bohlenstücke B_1 und B_2 wird der Doppelständer gegen Veränderung einer Stellung in Folge des Drahtzuges gesichert.

Doppelständer gelangen in stark gekrümmten Kurven oder Winkelpunkten an Stelle einfacher Stangen zur Verwendung, wenn zur Verstärkung der letzteren durch Anker oder Streben der erforderliche Raum nicht zur Verfügung steht.

Gekuppelte Stangen. Als gekuppelte Stange bezeichnet man zwei in ihrer ganzen Länge, nach Abgleichung der beiden anstossenden Stangenseiten mit dem Hobel, dicht aneinander gestellte und durch Bolzen zu einem festen System verbundene Stangen (Fig. 28).

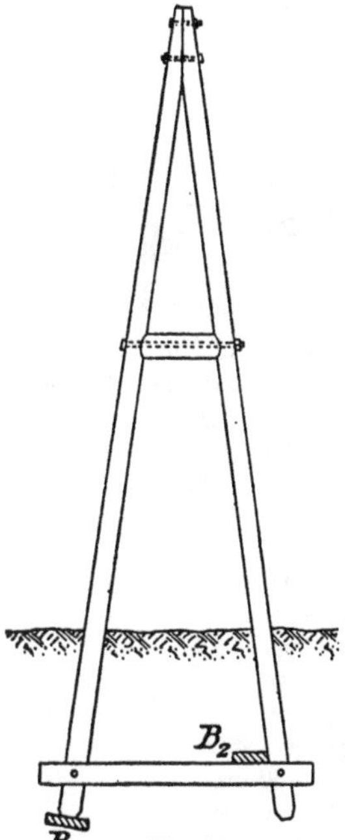

Fig. 27. 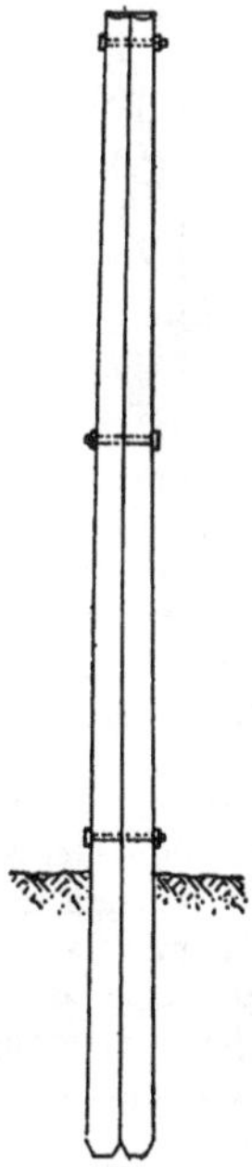   Fig. 28. 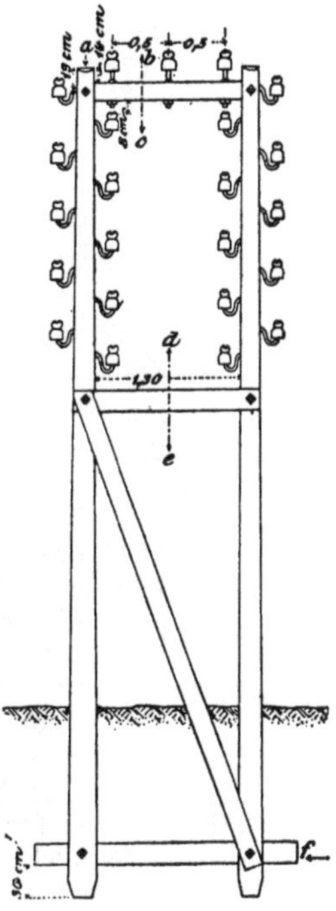   Fig. 29.

Gekuppelte Stangen werden an Punkten verwendet, wo stärkerer Drahtzug vorhanden ist, aber die örtlichen Verhältnisse die Aufstellung eines Doppelständers nicht gestatten.

Doppelgestänge. Von Doppelgestängen wird in der Regel Gebrauch gemacht, wenn die in einer Linie vorhandenen einfachen Stangen mit Leitungsdrähten vollständig belastet*) sind,

---

*) Als voll belastet gilt ein Gestänge, wenn es mit Leitungen so besetzt ist, dass im Falle der Anbringung einer weiteren Leitung der tiefste Punkt der letzteren weniger als 2 bzw. 3 m (an Eisenbahnen bzw. Landstrassen) über dem Erdboden zu liegen käme.

und die Ausrüstung der Stangen mit Querträgern*) mit Rücksicht auf die Standfestigkeit der Anlage oder aus finanziellen
Gründen nicht geboten erscheint.

Die Konstruktion der Doppelgestänge ergiebt sich aus den
Figuren 29 und 29 a. Zur Herstellung der Querriegel und Streben

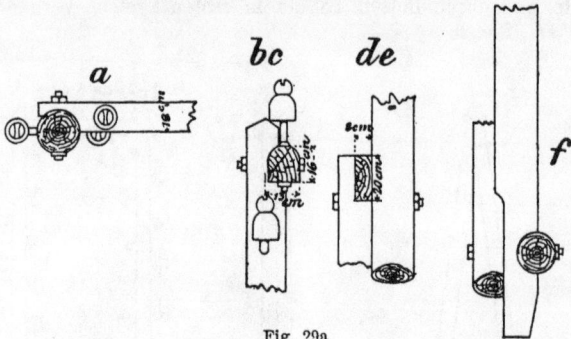

Fig. 29a.

werden für gewöhnlich zubereitete Stangen von 7 m Länge und
15 cm Zopfstärke verwendet; die Zahl der für diesen Zweck zu
veranschlagenden Stangen erhält man durch Berechnung des
zu den Riegeln und Streben erforderlichen Holzes nach laufenden
Metern und Theilung der so gefundenen Summe durch 7. Es beträgt
die Länge des oberen   Querriegels 1,60 m

> mittleren   >   1,70 m
> unteren   >   2,30 m;

die Länge der Streben bei den Gestängen

von 7   m Länge 4,50 m
> 8,5 m   >   5,30 m
> 10   m   >   6,— m.

An Bolzen sind für jedes Gestänge erforderlich

3 Stück in Länge von 25—30 cm
2 >   >   >   >   35—40 cm
1 >   >   >   >   45—50 cm.

Verstärkung der Gestänge.

Streben. Zu den Streben werden in erster Linie ausge-
wechselte Stangen bestehender Linien und, soweit solche nicht
zur Verfügung stehen, unzubereitete Hölzer derselben Art und
Stärke wie die Streckenstangen verwendet. Die Länge der
Streben richtet sich nach den örtlichen Verhältnissen; zu ihrer
Befestigung an den Stangen dienen je zwei 15 cm lange, mit
vierkantigen Köpfen versehene Holzschrauben, welche mit 6

---

*) Siehe Seite 29.

bis 8 cm senkrechtem Abstande von einander, konvergirend
zur Stangenaxe, so eingeschraubt werden, dass sie nicht in
einer und derselben vertikalen Ebene liegen. Unter den Fuss
der Streben wird entweder ein flacher Stein oder ein geeignetes
Stück Holz gelegt.

Anker. Zu jedem Anker sind erforderlich: 1 Ankerhaken,
1 Ankerpfahl von 1,25—1,50 m Länge und mindestens 15 cm
Stärke, sowie ein Stück 4 mm starken verzinkten Eisendrahtes,
dessen Länge sich aus der doppelten Entfernung des Ankerpfahles vom Ankerhaken an der Stange unter Hinzurechnung
von 1,50 m für die Umschlingung um Ankerpfahl und Stange
ergiebt. Statt des Ankerpfahles kann auch ein Stein von entsprechenden Abmessungen verwendet werden. Liegt der Fuss-
punkt des Ankers an Mauerwerk u. dgl., so befestigt man eine
Steinschraube mit eng geschlossener Oese in dem Festobjekte
mit Gyps oder Cement und benutzt die Oese zur Festlegung des
Anker-Fusspunktes.

Sicherung der Gestänge.

Zur Sicherung der Gestänge gegen äussere Beschädigung
werden verwendet

    1. Prellpfähle oder Prellsteine und
    2. Scheuerböcke.

Beide Sicherungsmittel sind in solchem Abstande von den
gefährdeten Stangen anzubringen, dass der auf sie ausgeübte
Stoss sich nicht auf die Stangen übertragen kann.

[Ausrüstung der Gestänge mit Querträgern.

Querträger gelangen zur Verwendung, wenn es sich um die
Ausrüstung neuer Gestänge, an denen sogleich oder in absehbarer Zeit eine grössere Zahl von Leitungen anzubringen ist,
oder um die vollständige Umarmirung eines z. Z. vollbesetzten[*])
Gestänges handelt, welches zur Aufnahme einer grösseren Zahl
von Leitungen hergerichtet werden soll; Voraussetzung hierbei
ist, dass die örtlichen Verhältnisse, sowie die Rücksicht auf
die Standfestigkeit der Anlage die Verwendung der Querträger
gestatten.

Die Querträger werden an einer und derselben Stangenseite
angebracht. Der Abstand des obersten Trägers von dem First
der dachartigen Abschrägung der Stangen soll 14 cm, der
Abstand der Träger unter einander, von Oberkante zu Oberkante gemessen, 50 cm, an Ueberwegen u. dgl. 30 cm betragen.
Mehr als 5 Querträger dürfen an einem Gestänge in der Regel

---

*) Vergl. Anm. Seite 27.

nicht angebracht werden. Bei Ausrüstung von Doppelgestängen
mit Querträgern kommt der obere hölzerne Querriegel in Wegfall.

Verwendung von Winkelstützen.

Winkelstützen werden im Telegraphenbau nur ausnahmsweise verwendet, und zwar in solchen Fällen, wo an einzelnen
Gestängen eine grössere Zahl von Leitungen in gewisser Höhe
über dem Erdboden geführt werden muss und dies bei Verwendung hakenförmiger Schraubenstützen nicht möglich ist.

Herstellung der Drahtleitungen.

Auslegen der Drahtadern. Das Auslegen des Drahtes muss
auf derjenigen Stangenseite erfolgen, auf welcher der zugehörige
Isolator befestigt ist; Drehungen des Drahtes um seine Axe
sind dabei unter allen Umständen zu vermeiden. Am einfachsten
und besten erfolgt die Abwickelung des Drahtes in der Weise,
dass der damit betraute Arbeiter dasjenige Ende der Drahtader,
mit welchem beim Aufwickeln in der Fabrik der Beschluss gemacht ist, vom Ringe ablöst, dieses Ende auf etwa 10 cm
Länge zurückbiegt, demnächst in die Erde einstösst bzw. mit
dem Ende des zuletzt abgewickelten Drahtringes zusammen-
dreht und dann rückwärts gehend den aufrechtstehenden Drahtring in entsprechender Richtung dreht.

Wickellöthstelle. (Britanniaverbindung). Die Enden der zu
verbindenden Drahtadern werden mittels Feilklobens und Flachzange so kurz wie möglich rechtwinklig umgebogen und bis
auf eine kurze, nicht unter 2 mm hohe Nocke abgefeilt. Demnächst werden die Aderenden auf 75 mm so aneinander gelegt,
dass die Nocken nach aussen stehen, und mit Wickeldraht in
eng aneinander liegenden, spiralförmigen Windungen fest umwickelt in solcher Ausdehnung, dass nicht nur die Drähte
zwischen den Nocken vollständig bedeckt sind, sondern der
Wickeldraht
jede Ader auch
noch in 7 bis
8 Windungen
umgiebt (Fig. 30).

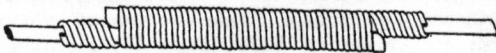

Fig. 30.

Die Enden des Wickeldrahtes werden mit der Flachzange scharf
um den Leitungsdraht herum angezogen.

Die so hergestellte Löthstelle wird bei Eisenleitungen
in ihrer ganzen Länge, bei Bronceleitungen nur in dem
mittleren Theile auf etwa 4 cm verlöthet. Das Löthzinn besteht
bei Eisenleitungen aus 3 Theilen Blei und 2 Theilen Zinn, bei
Bronceleitungen aus 1 Theil Blei und 3 Theilen Zinn.

Recken des Drahtes. Das Recken des Drahtes erfolgt mittels einer Winde nebst Kette, an deren Ende sich eine Froschklemme zur Aufnahme des Drahtes befindet. Zum Festlegen des ersten Drahtendes und zum Anlegen der Winde werden die aufgestellten Stangen oder geeignete Bäume in der Nähe des Gestänges benutzt. Durch das Recken des Drahtes sollen vorhandene Biegungen, Knicke u. s. w. beseitigt und etwa fehlerhafte Stellen ermittelt werden. Die Anspannung des Drahtes darf beim Recken von Eisenleitungen niemals bis zur Grenze der absoluten Festigkeit des Eisendrahtes, beim Recken von Bronceleitungen nicht über ¼ der absoluten Festigkeit des Broncedrahtes gesteigert werden.

Aufbringen des Drahtes auf die Isolatoren. Hierzu bedient man sich gewöhnlich einer Stange, welche an ihrem oberen Ende mit einem in einen Haken und eine Spitze auslaufenden Beschlage versehen ist.

Reguliren des Durchhanges. Die Ermittelung der Pfeilhöhen des Durchhanges bei den verschiedenen Temperaturen und Spannweiten erfolgt mit Hilfe der nachstehenden Tabellen:[*)

1. für Eisenleitungen.

Temperatur	Durchhang in Centimetern (abgerundet) bei einer Spannweite von				
R.	100 m	75 m	60 m	50 m	40 m
—20°	97	55	35	24	16
—15°	111	68	47	36	26
—10°	123	78	57	45	34
— 5°	134	88	65	52	40
0°	144	96	73	58	45
+5°	153	104	79	64	50
+10°	162	112	85	69	54
+15°	171	119	91	74	58
+20°	179	125	97	79	62
+25°	186	131	102	83	66

---

*) Zur Berechnung des Durchhanges d dient die Formel

$$d = \frac{g\,e^2}{8\,s}$$

[g Gewicht von 1 m Draht; e Spannweite; s Spannung am tiefsten Punkte des Durchhanges]. s ist bei Aufstellung obiger Tabellen für —20° R. bzw. —25° C. gleich ¼ der absoluten Festigkeit des Drahtes gesetzt worden.

2. für Bronceleitungen
(von 2, 3, 4 und 4,5 m Stärke)

Temperatur C	Durchhang in Centimetern (abgerundet) bei einer Spannweite von							
	200 m	150 m	120 m	100 m	75 m	60 m	50 m	40 m
—25⁰	371	209	134	93	52	33	23	15
—20⁰	387	224	150	108	67	47	36	27
—15⁰	403	239	164	122	79	58	46	35
—10⁰	418	253	177	134	89	67	53	41
—5⁰	433	269	189	145	98	74	60	47
0⁰	447	279	201	155	107	82	66	52
+5⁰	460	292	211	165	115	88	72	57
+10⁰	474	303	222	174	122	94	77	61
+15⁰	487	315	232	183	129	100	82	65
+20⁰	499	326	241	191	136	105	89	68
+25⁰	511	336	250	199	142	111	91	72

Bindungen. In geraden Linien wird der Leitungsdraht im oberen Drahtlager nach Fig. 31, in Kurven und Winkelpunkten im seitlichen Drahtlager der Doppelglocken nach Fig. 32 festgebunden. Die Länge des Bindedrahtes beträgt

1. bei oberen Bindungen

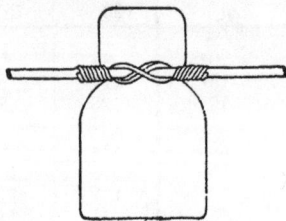

Fig. 31.   Fig. 32.

α) für Eisenleitungen 50 cm
β) für Bronceleitungen
      von 4 und 4,5 mm Stärke 65 cm
      von 2 und 3 mm Stärke 55 cm

2. bei seitlichen Bindungen
  α) für Eisenleitungen 75 cm
  β) für Bronceleitungen
      von 4 und 4,5 mm Stärke 95 cm
      von 2 und 3 mm Stärke 85 cm

Verwendung leichter Leitung.

Leichte Leitung*) wird stets verwendet:

1. bei Kreuzungen von Telegraphenlinien mit Eisenbahnen;

2. zur Weiterführung der aus stärkerem Draht bestehenden Leitungen von der Abspannstange vor der Amtseinführung bis zu den an der Aussenwand des Amtsgebäudes anzubringenden Isolatoren III**) oder beim Uebergange aus der oberirdischen in die Kabelleitungsführung;

3. zur Verbindung des starken Leitungsdrahtes an den Untersuchungsstationen;

ausnahmsweise ferner

4. bei der Führung von Linien durch Ortschaften und Bahnhöfe.

Abspannung der Leitungen.

Die Abspannung des schweren Leitungsdrahtes und die Verbindung desselben mit der leichten Leitung geschieht nach Fig. 33. Die zur Abspannung von Leitungen dienenden Stangen sind in der Richtung des starken Leitungsdrahtes zu verstreben und gleichzeitig in der Richtung des leichten Leitungsdrahtes zu verankern. An Doppelgestängen darf an den auf dem oberen Querriegel befindlichen Isolatoren eine Abspannung von

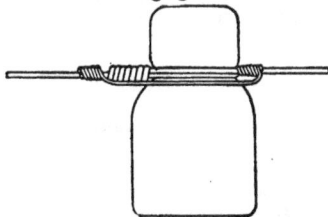

Fig. 33.

Leitungsdrähten nicht stattfinden. Bei Abspannungen an Querträgern werden für die Doppelglocken gerade Stützen aus Stahl verwendet. Ist an einer Stelle eine grössere Zahl von 4 mm oder 5 mm starken Leitungen an Querträgern abzuspannen, so darf dies nicht an einem einzigen Gestänge geschehen; die Abspannungen sind vielmehr in derartigen Fällen an mehreren, hinter einander stehenden Gestängen zu bewirken.

Einrichtung von Untersuchungsstationen.

Zu Untersuchungsstationen werden die auf Seite 14 beschriebenen Konsole verwendet. An den Isolatoren dieser Konsole wird der starke Draht abgespannt und mit dem zur Verbindung

---

*) Siehe Tabellen Seite 18 und 19.
**) Siehe Seite 51.

beider Leitungszweige dienenden leichten Leitungsdraht nach
Fig. 34 verbunden. Bei **Doppelgestängen** dürfen Unter-

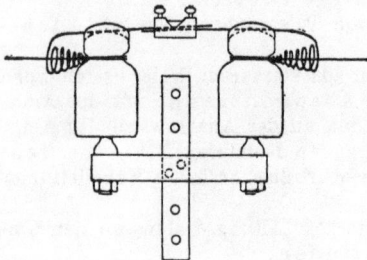

Fig. 34.

suchungsstationen nur an
den beiden Seitenstangen,
nicht aber auf dem oberen
Querriegel   eingerichtet
werden.

Jede Untersuchungs-
stange erhält eine Erdleitung aus **4 mm** starkem
Eisendraht,   an   deren
oberen Ende ein kurzes
Stück leichten Leitungs-
drahtes angelöthet wird.

Leitungsabzweigungen.

Als Isolationsvorrichtungen gelangen dieselben Konsole
zur Verwendung wie bei den Untersuchungsstationen. Die Konsole werden an der Abzweigungsstange so befestigt, dass die
lothrechte Ebene durch die Isolatoren zum Alignement der Schleifleitung senkrecht steht.

C. Herstellung oberirdischer Fernsprechlinien.

a) Stadt-Fernsprecheinrichtungen.

Allgemeines.

Das Liniennetz einer Stadt-Fernsprecheinrichtung wird, soweit
angängig, oberirdisch, und zwar innerhalb der Ortschaften thunlichst unter Benutzung der Häuser zur Anbringung der Leitungs-
stützpunkte hergestellt; ausserhalb der Ortschaften an Eisenbahnen und Landstrassen dienen zur Führung der Fernsprechleitungen hölzerne Gestänge.

Liegt das Vermittelungsamt in der Mitte des Ortes, so verlaufen die Fernsprechlinien in der Regel radienförmig von der
Centralstelle aus nach allen Seiten hin, und zwar, soweit als
möglich, in geschlossenen Zügen. Ist das Vermittelungsamt
dagegen in einem mehr nach einem Ende des Ortes zu gelegenen Gebäude untergebracht, so werden die Anschlussleitungen
für den Ort gewöhnlich in geschlossenen Hauptlinien zunächst
bis zu den vom Verkehr am meisten belebten Stadttheilen und
erst von da ab in Zweiglinien nach den weiter abliegenden,
weniger verkehrsreichen Stadtgegenden geführt; die in der Nähe
des Amtes zerstreut liegenden Theilnehmerstellen werden in diesem
Falle mittels besonderer kleinerer Linien unmittelbar an dieses
angeschlossen.

Als Höchstbelastung gelten für einfache Dachgestänge 30, für Doppelgestänge 200 und für Dreigestänge 300 Leitungen. Zur Verbindung mehrerer Linienzüge unter einander dienen sogenannte »Umschaltegestänge«. Der durchschnittliche Abstand der Dachstützpunkte von einander beträgt etwa 100 m, grössere Spannweiten als 150 m kommen nur ausnahmsweise vor.

Herstellung der eisernen Drahtgestänge.

Aufstellung der Rohrständer. Zur Befestigung der Rohr-ständer am Dachgebälk oder Mauerwerk dienen schmiedeeiserne Schuhe und Schellen mit starken Unter-legeplatten (Fig. 35). Die Schellen sind im Allgemeinen 65 mm hoch und 7 mm stark, die Unterlegeplatten bei sonst gleichen Abmessungen 40 cm lang. Das Gewicht einer Schelle mit Unterlegeplatte und Bolzen beträgt rd. 6,5 kg.

Nach erfolgter Aufstellung werden die Rohrständer mit Trittbrettern (kiefernen Bohlstücken von 4—5 cm Stärke und 30—35 cm Breite) und erforderlichen Falls mit Steigeisen ausgerüstet.

Bei mehrfachen Gestängen beträgt der Abstand der einzelnen Rohrständer von einander, von Mitte zu Mitte gerechnet, 1,70 m

Anbringung der Verstärkungsmittel. Zur Verstärkung der eisernen Dachge-stänge dienen Anker und Streben. Er-stere werden aus fabrikmässig gefloch-tenen Stahldrahtseilen oder aus Rund-eisen von 1,5—3 cm Stärke, letztere aus Rundeisen von 2—3 cm Stärke oder aus T- bzw. I-Eisen hergestellt. Das Ge-

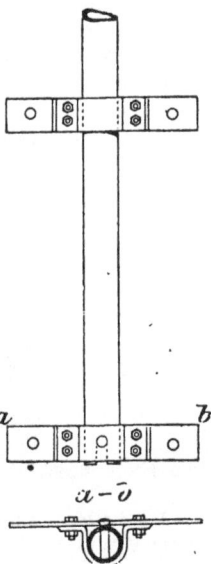

Fig. 35.

wicht des Rundeisens für das laufende Meter beträgt

bei einem Durchmesser von	1,5 cm	rd.	1,4 kg
»	»	»	»	2	cm »	2,4 kg
»	»	»	»	2,5	cm »	3,8 kg
»	»	»	»	3	cm »	5,5 kg.

Das Gewicht des T- und I-Eisens ist aus nachstehender Tabelle ersichtlich.

3 *

Profil des Eisens	Breite des		Steg und Flansch- stärke	Gewicht für das laufende Meter
	Stegs.	Flanschs		
	cm	cm	mm	kg
⊤	3,5	3,5	4,5	2,4
⊤	4	4	5	3
⊤	4,5	4,5	5,5	3,7
⊤	6	5	6,5	5
⊤	6,7	5	8	6,8
I	8	4,2	3,9/5,9	6

Die Befestigung der Anker und Streben an den Rohrständern erfolgt mittels schmiedeeiserner Schellen mit Bolzen, die Festlegung ihres Fusspunktes durch kräftige Schrauben oder eiserne Bolzen mit Muttern und Unterlegescheiben, bei Ankern u. U. auch durch Umschlingung um einen kräftigen Dachsparren.

Herstellung der Erdleitungen für die Rohrständer. Jeder eiserne Dachstützpunkt wird sogleich nach seiner Aufstellung zum Schutze des betreffenden Gebäudes gegen Blitzgefahr mit einer Erdleitung aus 4 verzinkten Eisendrähten von je 4 mm Stärke versehen. Die Verbindung der Erdleitungen mit den Rohrständern erfolgt mittels verzinkter Schellen, welche an derjenigen Stelle des Rohrständer-Unterhteils, an welcher sich das Muttergewinde befindet, angelöthet werden. Zur Führung der Erdleitungen über die Dächer dienen, falls letztere flach sind, Isolatoren I auf verlängerten geraden Stützen, sonst verzinkte, mit Holz- oder Steinschrauben versehene Klemmen, zur Befestigung der Erdleitungen an den Hauswänden ausschliesslich Klemmen. Als Erdplatte wird verwendet ein Drahtring aus dem Erdleitungsseil oder ein Gasrohr von etwa 10 cm lichter Weite.

Ist die Herstellung einer brauchbaren Erdleitung aus irgend einem Grunde nicht möglich, so wird das betreffende Gestänge nach beiden Seiten hin je mit dem nächsten Stützpunkte, welcher mit einer Erdleitung versehen ist, durch einen 3 mm starken, nur schlaff gespannten Broncedraht verbunden.

Die Blitzableiter-Erdleitungen der Rohrständer sind mit den auf den Gebäuden etwa vorhandenen Hausblitzableitern, sowie mit benachbarten Gas- und Wasserleitungen stets metallisch zu verbinden.

Ausrüstung der eisernen Gestänge mit Querträgern.

Die Querträger werden im Allgemeinen schon vor ihrer Anbringung an den Rohrständern mit Isolatoren ausgerüstet. Der Abstand

des obersten Querträgers von der oberen Kante des Rohrständer-
Obertheils beträgt bei einfachen wie bei mehrfachen Gestängen
10 cm, der Abstand der Querträger unter einander, von Oberkante zu Oberkante gemessen, 30 cm. Bei mehrfachen Gestängen
werden sämmtliche Querträger eines Gestänges sowohl an den
Enden, als auch in der Mitte zwischen je 2 Rohrständern durch
Bolzen von 10 mm starkem Rundeisen mit angeschweisstem
Kopf fest mit einander verbunden, und die Bolzen zwischen
den einzelnen Querträgern, sowie auch zwischen den Flacheisenschienen der letzteren mit schmiedeeisernen Gasrohrstücken von
12 mm lichter Weite umgeben.

Herstellung und Ausrüstung der hölzernen Gestänge.

Die hölzernen Gestänge für Fernsprechleitungen werden aus
demselben Material und in derselben Weise hergestellt, wie die
hölzernen Gestänge für Telegraphenleitungen*); hervorzuheben
ist jedoch, dass bei den mit Querträgern zu 20 Leitungen aus-
zurüstenden Doppelgestängen die beiden Stangen in der Höhe
des Mittelriegels nicht 1,30 m, sondern 1,63 m im Lichten aus-
einanderzustellen sind, und dass der Abstand der Isolatoren
unter einander bei Verwendung hakenförmiger Schraubenstützen
nur 20 cm, der gegenseitige Abstand der Querträger nur 40 cm
statt 24 bzw. 50 cm beträgt.

Herstellung der Drahtleitungen.

Ziehen der Leitungen. Jede Linie, welche mit Leitungen
bezogen werden soll, wird von ihrem Anfangspunkte aus in bestimmt begrenzte Abschnitte eingetheilt, deren Länge der Länge
der einzelnen Drahtadern (etwa 500 — 600 m) entspricht. Das
Ziehen der Leitungen erfolgt abschnittsweise, und zwar — soweit
Dachgestänge in Betracht kommen — folgendermassen: Ueber
sämmtliche Stützpunkte des ersten Abschnitts wird eine Leine
hinweggezogen und das am Anfangspunkte des Linienabschnitts
befindliche Ende derselben mit dem Ende des auf einer Trommel
oder einen Haspel aufgewickelten Leitungsdrahtes und gleichzeitig mit dem Ende einer zweiten, ebenfalls auf einer Trommel
befindlichen Leine von gleicher Länge fest verbunden. Mit der
ersten Leine wird jetzt von den auf den Dächern aufgestellten
Arbeitern der Leitungsdraht und gleichzeitig die zweite Leine
über sämmtliche Stützpunkte des Linienabschnitts hinweggezogen,
wobei die am Ende des Abschnitts frei werdende Leine auf eine
Trommel aufgewickelt wird. Mit der zweiten Leine wird sodann
ein zweiter Leitungsdraht in gleicher Weise vom Endpunkt des

---

*) Siehe Seite 24 ff.

Linienabschnitts nach dem Anfangspunkt desselben und gleichzeitig die freigewordene erste Leine zurück gezogen, und so wird fortgefahren, bis sämmtliche Leitungsdrähte in dem betreffenden Abschnitt aufgebracht sind.

Reguliren des Durchhanges. Der den 1,5 mm starken Bronceleitungen bei den verschiedenen Temperaturen und Spannweiten zu gebende Durchhang ist aus nachstehender Tabelle*) ersichtlich:

Temperatur C	Durchhang in Centimetern (abgerundet) bei einer Spannweite von							
	200 m	150 m	120 m	100 m	80 m	60 m	50 m	40 m
—25°	267	150	96	67	43	24	17	11
—20°	289	172	117	87	62	41	32	25
—15°	310	191	135	103	76	53	43	33
—10°	329	208	150	117	88	63	51	40
—5°	347	224	164	130	99	71	58	46
0°	365	239	177	141	108	78	64	51
+5°	381	254	190	151	117	85	70	56
+10°	397	267	201	162	125	92	75	60
+15°	412	280	212	171	133	97	80	64
+20°	427	292	222	180	140	103	85	68
+25°	441	304	232	188	147	108	90	71

Befestigung der Leitungen an den Isolatoren. Nach erfolgter Regulirung des Durchhanges werden die Leitungen an den Isolatoren befestigt, indem jede Leitung zunächst einmal um den Hals der Doppelglocke herumgelegt und darauf mittels Bindedrahts nach Fig. 32 festgebunden wird.

Herstellung der Löthstellen. Die Verbindung der einzelnen Drahtadern zu einer durchgehenden Leitung findet an den je

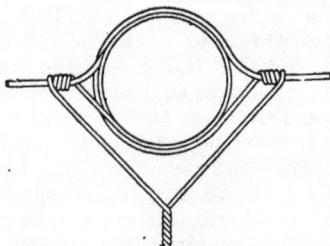

Fig. 36.

2 Linienabschnitte begrenzenden Gestängen nach Fig. 36 statt. Die vor dem Isolator zusammentreffenden Enden der beiden Leitungszweige werden auf 10—15 mm Länge zusammengedreht und verlöthet; als Löthzinn gelangt eine Mischung von 1 Theil Blei und 3 Theilen Zinn zur Verwendung.

Die Verbindungen zwischen den an den Gestängen abgespannten Anschlussleitungen und den nach den Sprechstellen abgehenden Zuführungsleitungen

---

*) Vergl. Anm. Seite 31.

werden ebenfalls nach Fig. 36 hergestellt; dagegen erhalten die in den Zuführungsleitungen selbst etwa erforderlichen Drahtverbindungen gewöhnlich die in Fig. 37 dargestellte Form.

Fig 37.

Vorrichtungen zur Verhinderung des Tönens der Leitungsdrähte.

Zur Verhinderung des Tönens der Leitungsdrähte bzw. der Fortleitung des tönenden Geräusches bis in die bewohnten Räume werden die Leitungsdrähte bei Rohrständern auf bewohnten Gebäuden zu beiden Seiten des Isolators, in einer Entfernung von 1 — 1,50 m von demselben, mit je einem 15 mm starken und 10—15 cm langen Gummicylinder umgeben. Ausserdem werden erforderlichen 'Falls die Rohrständer unten abgeschlossen und im Inneren mit Asche oder feinem Sand ausgefüllt, ferner diejenigen Theile der Rohrständer, welche von den Schellen umgeben sind, mit Walzblei belegt.

Umschaltegestänge.

Umschaltegestänge werden entweder mit quadratischer oder mit rechteckiger Grundform angelegt, ihre Seiten je nach der Zahl der anzubringenden Leitungen als Doppel- oder Dreigestänge hergestellt. Soweit die von den verschiedenen Richtungen an ein Umschaltegestänge herantretenden Leitungen nicht unmittelbar durchgeführt werden können, erfolgt zunächst ihre Abspannung an u-förmigen Stützen; zur Verbindung der einzelnen Leitungszweige unter einander werden in diesem Falle isolirte Drähte*) verwendet, welche zwischen den Querträgerschienen untergebracht und durch Zinkstreifen, die um letztere zu legen sind, in ihrer Lage erhalten werden. Die Verbindung der isolirten Drähte mit den abgespannten Leitungen geschieht in der Regel unter Verwendung von Ebonitschutzglocken.

Abspanngestänge.

Die Abspannung der Leitungen auf den Gebäuden der Vermittelungsämter und der Kabelaufführungspunkte**) erfolgt unter Verwendung u-förmiger Stützen entweder an gewöhnlichen

---

*) Die Drähte bestehen aus je einem 1 mm starken Kupferleiter, welcher mit mehreren Lagen Gummi nahtlos umpresst, darüber mit gummirtem Band spiralförmig bewickelt und schliesslich von einer mit Kautschucklack getränkten Hanfumflechtung umgeben ist.

**) Siehe Seite 49.

eisernen Dachgestängen oder an besonderen Abspanngerüsten.
Letztere bestehen der Hauptsache nach aus eisernen Längsrippen, welche unten und oben unverschiebbar verbunden
sind; an den Rippen werden in gleichen Abständen unter
einander die Querträger in horizontaler Lage angebracht, und
auf diesen die Isolatoren derart angeordnet, dass sie in regelmässigen Reihen untereinander stehen.

b) Fernsprech-Verbindungsanlagen.

Allgemeines.

Man unterscheidet Fernsprech-Verbindungsanlagen
1. für den eigentlichen Fernverkehr (Fernleitungen),
2. für den Vor- und Nachbarortsverkehr (Bezirksleitungen).
Die Fernleitungen werden stets als Doppelleitungen hergestellt.

Leitungsstützpunkte.

Als Stützpunkte für die Fernsprech-Verbindungsleitungen
dienen, je nachdem letztere über Dächer oder an Landstrassen
zu führen sind, eiserne oder hölzerne Gestänge von der im
Fernsprech- bzw. Telegraphenbau sonst gebräuchlichen Konstruktion. In Städten können zur Führung der Verbindungsleitungen die Stadt-Fernsprechgestänge mitbenutzt werden.
Die Fernleitungen sind an den Stützpunkten stets 1 bis
1,50 m oberhalb der Bezirksleitungen zu befestigen. Zur
Erreichung dieses Abstandes sind die Gestänge erforderlichen
Falls durch eiserne Rohrstücke von den Abmessungen der
Rohrständer-Obertheile zu verlängern. Bei den Rohrständern
der Dachgestänge erfolgt diese Verlängerung in der Weise, dass
nach Entfernung des Verschlussknopfes ein massiver Dorn in
beide Rohre eingesteckt und mit jedem der Rohre durch
Schraubenbolzen verbunden wird, bei hölzernen Stangen durch
Befestigung des Rohres an dem entsprechend auszukehlenden
Zopfende der Stange mittels 2 Schellen mit Bolzen.

Isolationsvorrichtungen für die Verbindungsleitungen.

Für die Verbindungsleitungen gelangen, soweit dieselben an
eisernen Dachgestängen angebracht werden, Isolatoren II, an
Holzgestängen Isolatoren I zur Verwendung. Fernleitungen
werden an Dachgestängen auf Querträgern zu 2 Leitungen oder,
wenn mehr als 2 Fernleitungen anzubringen sind, auf Quer-

trägern zu 4 Leitungen, an hölzernen Gestängen auf Winkelstützen (Fig. 9) geführt, welche in Abständen von 50 cm wechselständig an den Stangen zu befestigen sind. Falls nicht mehr
als 2 Fernleitungen an einem Holzgestänge anzubringen sind,
können als Isolatorenträger auch hakenförmige Schraubenstützen
verwendet werden; die Drähte sind dann aber unter Vermeidung
jeder Kreuzung oder Aenderung ihrer Plätze am Gestänge so an-
zuordnen, dass die durch die zusammengehörigen Leitungszweige
gelegten Ebenen sich rechtwinklig schneiden (Fig. 38).*)

Bezirksleitungen werden bei Benutzung besonderer Gestänge an Querträgern zu 4 oder 8 Leitungen geführt.
Bei Verwendung der Querträger zu 8 Leitungen sind bei eisernen Doppelgestängen
die beiden Rohrständer in einem Abstande von 1,34 m, von Mitte zu Mitte
gerechnet, aufzustellen. Der Abstand der
Querträger soll sowohl bei einfachen als
bei mehrfachen eisernen Gestängen 40 cm,
bei den hölzernen Gestängen 50 cm, von
Oberkante zu Oberkante gemessen, betragen.
Ist die Zahl der Bezirksleitungen nur gering, so können zur Führung dieser Leitungen an hölzernen Stangen statt der
Querträger auch hakenförmige Schraubenstützen verwendet werden.

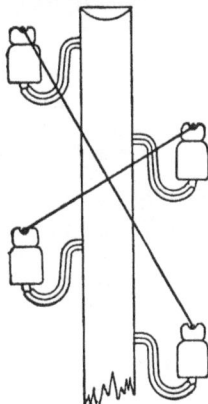

Fig. 38.

Bei Mitbenutzung der Stadt-Fernsprechgestänge zur Führung
der Bezirksleitungen gelangen für letztere, in der Regel auch
bei mehrfachen Gestängen, Querträger zu 4 Leitungen zur Verwendung, und zwar ist der unterste dieser Querträger mindestens
50 cm über dem obersten Querträger für die Theilnehmerleitungen
zu befestigen. Ist jedoch die Zahl der Bezirksleitungen eine so
grosse, dass ihre Befestigung in der angegebenen Weise auf
Schwierigkeiten stossen würde, so werden diese Leitungen
innerhalb der Stadt-Fernsprecheinrichtungen aus 1,5 mm starkem
Broncedraht hergestellt und an den gewöhnlichen Querträgern
der Gestänge (zu 6, 20 und 30 Leitungen) auf Isolatoren III
angebracht.

Herstellung der Drahtleitungen.

Die Herstellung der Drahtleitungen erfolgt nach Seite 30—32
bzw. 37—38.

---

*) In neuester Zeit werden zur Führung der Fernleitungen an hölzernen
Gestängen auch Querträger zu 4 Leitungen (je 2 Doppelleitungen) verwendet.

Untersuchungsstationen.

An den Grenzen der Stadt-Fernsprecheinrichtungen bzw. an denjenigen Stellen, wo die Verbindungsleitungen von eisernen Dachgestängen auf Holzgestänge übergehen, werden für gewöhnlich Untersuchungsstationen in die Leitungen eingeschaltet. Die Einrichtung dieser Stationen erfolgt nach Fig. 34.

D. Herstellung von Kabellinien.

Allgemeines.

Kabel werden in der Reichs-Telegraphenverwaltung verwendet

1. zur Verbindung von Städten, welche ihrem Verkehr nach bedeutend oder für die Landesvertheidigung von Wichtigkeit sind;
2. überall da, wo die oberirdische Führung der Leitungen nicht angängig oder mit Schwierigkeiten verknüpft ist (vorzugsweise zur Durchschreitung von Flüssen und Tunnels, sowie zur Führung einer grösseren Zahl von Leitungen über Brücken, durch Städte und Bahnhöfe).

In Ortschaften verfolgen die Kabellinien in der Regel eine Seite des Fahrdammes in der Nähe des Rinnsteins oder auch wohl die Fussgängersteige, auf Bahnhöfen eine solche Richtung, dass die Kabel durch die Arbeiten an den Bahngeleisen nicht gefährdet werden können. Im Uebrigen kommen für die Führung der Kabellinien in Betracht die bezüglichen Bestimmungen der Bundesrathsbeschlüsse vom 21. December 1868 und 25. Juni 1869, sowie der mit den Eisenbahnverwaltungen abgeschlossenen Verträge. *)

Wo eine Vermehrung der Kabel in absehbarer Zeit zu erwarten ist, werden dieselben nicht in die blosse Erde verlegt, sondern in Rohrstränge aus eisernen Muffenrohren eingezogen.

Zur Verbindung der Kabelleitungen mit oberirdischen Leitungen dienen Ueberführungssäulen oder Ueberführungskasten, in Stadt-Fernsprecheinrichtungen ausserdem sogenannte ›Kabelaufführungspunkte‹.

Verlegung der Kabel in die Erde.

Guttaperchakabel werden für gewöhnlich 1 m, Faserstoffkabel nur 50—60 cm unter die Erdoberfläche versenkt. Bei

---

*) Siehe Abschnitt VII

Kreuzung der Kabellinien mit Gas- oder Wasserleitungsrohren oder Kanälen sind die Kabel thunlichst unterhalb dieser Anlagen zu legen und erforderlichen Falls durch Umkleidung mit Steingutröhren oder zweitheiligen, gut zu dichtenden eisernen Röhren gegen Beschädigung durch ausströmendes Gas u. s. w. zu schützen; die Umkleidung mit eisernen Röhren hat auch zu erfolgen, wenn Kabel unter Eisenbahngeleisen hinweg geführt werden müssen.

Bei Verlegung durch kleine Wasserläufe oder sumpfiges Terrain umkleidet man die Kabel mit Landkabelmuffen.

Grössere Abweichungen in den Tiefenverhältnissen der Grabensohle für das Kabellager dürfen nicht sprungweise, sondern nur allmählich verlaufen, sodass das Kabel auf der Grabensohle ein möglichst ebenes, festes Bett findet und keine Verbiegungen erleidet.

Auf freier Strecke erfolgt die Verlegung eines Kabels gewöhnlich in der Weise, dass dasselbe mit dem Haspel auf einen Wagen mit niedrigen Rädern geladen und während dessen Fortbewegung zum Abrollen gebracht wird. Das Kabel kommt hierbei neben dem Graben zu liegen und wird unmittelbar nach dem Auslegen durch Arbeiter nach dem Graben hinübergetragen und in denselben vorsichtig hinabgelassen. Ist dagegen der Kabelgraben von Gas- oder Wasserleitungsröhren, Kanälen u. s. w. durchkreuzt, so wird der Haspel mit aufgewickeltem Kabel am Anfange des Grabens aufgestellt und das bei der Umdrehung des Haspels abrollende Kabel von Arbeitern im Graben fortgetragen.

Nach erfolgter Auslegung wird das Kabel mit leichtem Füllmaterial (Erde oder Sand) in einer Höhe von 3—4 cm umgeben und darauf erforderlichen Falls zum Schutz gegen Beschädigung bei späteren Aufgrabungen mit flach zu verlegenden Ziegelsteinen bedeckt; der Kabelgraben wird vollständig zugeschüttet, und das Pflaster, Chaussirungsmaterial oder die Bekiesung u. s. w. wieder aufgebracht.

Verlegung der Kabel durch Flüsse.

Das zu verlegende Kabel wird entweder mit dem Haspel und der Drehvorrichtung am Ufer aufgestellt und vom Haspel ab über den Fluss gezogen, oder es wird mit Haspel und Drehvorrichtung auf ein Fahrzeug geladen, bei dessen Ueberfahrt über den Fluss es sich in das Wasser abrollt. Erstere Methode ist nur bei Flüssen von geringer Breite und Wassergeschwindigkeit anwendbar und hat zur Voraussetzung, dass eine Umkleidung des Kabels mit Flusskabelmuffen nicht erfolgen soll.

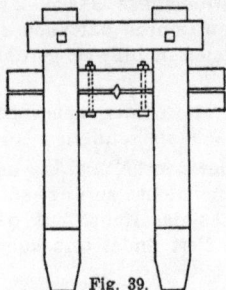

Fig. 39.

An den Ufern des Flusses wird das Kabel in Erdgräben gelegt und wie ein unterirdisches Kabel ver- schüttet. Der unter Wasser liegende Theil des Kabels wird, soweit die Ufer flach sind, möglichst tief ein- gebaggert; wo dies wegen zu grosser Wassertiefe nicht mehr ausführbar, überlässt man es dem Strome, das Kabel allmählich zu versanden oder zu verschlammen.

Ist das Kabel an einer steilen Uferböschung oder an oder hinter einer Ufermauer in die Höhe zu führen, so erfolgt die Festlegung desselben mittels >Kabelhalter< (Fig. 39).

Verlegung der Kabel auf festen Brücken.

Das Kabel wird, sofern es nicht in den Brückenkörper selbst eingebettet werden kann — wie es bei steinernen Gewölbebrücken die Regel bildet — in besondere Kasten

Fig. 40.

gelegt und darin mit einem die Wärme schlecht leitenden Material (Schlackenwolle, Asche oder Lehm) umgeben. Die Kasten werden entweder aus trockenem, mit fäul- nisshindernden Stoffen zubereitetem Kiefern- holz oder aus Eisenblech nach Fig. 40 her- gestellt.

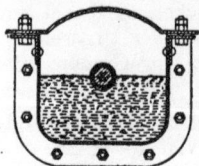

Verlegung der Kabel durch Tunnels.

Zur Führung der Kabel durch Tunnels dienen hölzerne Rinnen von der durch Fig. 41 veranschaulichten Form; sie

Fig. 41.

werden aus kiefernen, mit Metallsalzen beson- ders zubereiteten Latten hergestellt und mittels Bankeisen in einer Höhe von 1,50 — 1,75 m vom Boden an der Tunnelwand befestigt derart, dass der Deckel eine nach dem Inneren des Tun- nels abfallende Lage erhält.

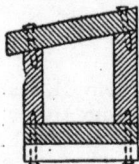

Innerhalb der Rinnen werden die Kabel mit einem die Wärme schlecht leitenden Material (Schlackenwolle, Asche oder Lehm) umgeben.

Kabelrohranlagen.

Herstellung des Rohrstranges und der Brunnen. Die Rohre
werden im Allgemeinen 1 m tief in die Erde eingelegt und an
den Verbindungsstellen mit Weissstrick oder getheertem Hanf
und bestem Muldenblei gedichtet. Die lichte Weite der Rohre
ist nach der Zahl der sogleich und der voraussichtlich später
in den Rohrstrang einzuziehenden Kabel, und zwar derart zu
bemessen, dass der Rohrquerschnitt 2—3 mal so gross ist, als
der Gesammtquerschnitt aller in den Rohrstrang einzubettenden
Kabel.

Am Anfangs- und Endpunkte jedes Rohrstranges, ferner an
allen Winkelpunkten und bei geradlinigem Strassenlauf in Abständen von etwa 150 m werden Kabelbrunnen von rechteckiger
Grundform angelegt; zwischen je zwei Brunnen muss der Rohrstrang in gerader Richtung verlaufen.

Je nachdem die Brunnen im **Fussgängersteig** oder im
Fahrdamm herzustellen sind, erhalten sie Wandungen von
25 cm bezw. 35—40 cm Stärke. Die weiteren Verschiedenheiten
in der Bauart der im Fussgängersteig und Fahrdamm anzulegenden
Brunnen ergeben sich aus den Figuren 42 und 43.

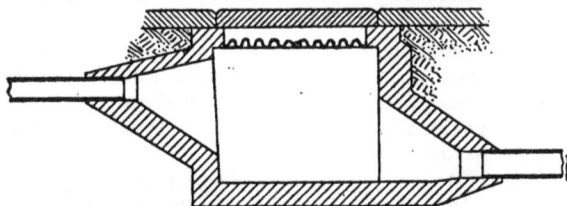

Fig. 42.

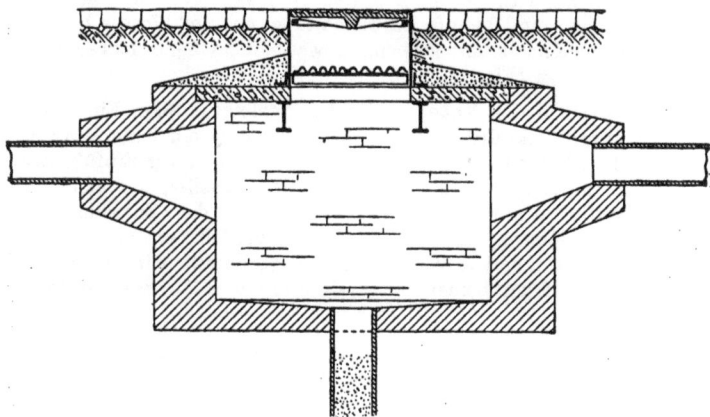

Fig. 43.

Die Mauerfugen der Brunnen werden auf der inneren Seite sorgfältig verstrichen und die Seitenwände aussen mit Cement berappt, während die Sohle aus einer doppelten Lage von Steinen unter Versetzung der Fugen in Cement gepflastert wird. Die innere Abdeckung der Brunnen erfolgt durch je zwei mit Handhaben versehene verzinkte Wellblechdeckel, die äussere Abdeckung bei Brunnen im Fussgängersteig je nach den örtlichen Verhältnissen durch Granitplatte oder eiserne mit Asphalt- bzw. Mosaikpflaster ausgesetzte Kasten, bei Brunnen in der Fahrstrasse durch eine etwa 2 cm starke Eisenplatte.

Die in die Kabelbrunnen einzuführenden eisernen Rohre schneiden nicht mit der inneren Brunnenwand ab, sondern enden etwa 40—50 cm vor derselben; die Verbindung zwischen Rohr und Brunnen wird durch eine nach dem Brunnen zu sich trichterförmig erweiternde Oeffnung in der Brunnenwand hergestellt.

Um die Brunnen dauernd frei von Wasseransammlungen zu halten, kommen je nach Lage der Verhältnisse folgende Massnahmen in Anwendung:

1. Die Herstellung einer Erhöhung nach den Brunnen zu oder einer Abflussrinne um sie herum;

2. die Verwendung sogenannter ›Schlammfänge‹ *), viereckiger Kasten aus verbleitem, 1,5 mm starkem Eisenblech, welche mit einem Mennige- und einem Oelfarbenanstrich versehen und mittels zweier Eisenwinkel unter der oberen Brunnenöffnung angebracht werden;

3. die Anbringung sogenannter ›Sickerrohre‹**), gusseiserner Rohre von 0,80 — 2,50 m Länge und 125 mm Weite, welche an der tiefsten Stelle der Brunnensohle senkrecht in die Erde eingetrieben und behufs Zurückhaltung des im Wasser befindlichen Schlammes mit grobem, gewaschenem Sand locker ausgefüllt werden (Fig. 43).

Einziehen der Kabel in die Rohrstränge. Beim Einbetten der Rohre in die Erde wird in dieselben stets ein 5 mm starker, verzinkter Eisendraht eingelegt. Letzterer dient zur Einführung eines 10 mm starken Stahldrahtseils, des ›Zugseils‹, mit welchem gleichzeitig ein etwas dünneres Stahldrahtseil, das ›Zugseilchen‹, in den Rohrstrang einzuziehen ist. Um hierbei Verschlingungen des Zugseils mit dem Zugseilchen zu verhüten, wird zwischen Zugdraht und den beiden Seilen ein eiserner ›Führungsschlitten‹

---

*) Preis für das Stück etwa 8,25 M.; Leerung unter normalen Verhältnissen alle 10 Wochen einmal erforderlich.

**) Kosten für die Anbringung eines Rohres etwa 15 M.

(Fig. 44) eingeschaltet. Das Durchziehen des Schlittens durch die Rohre erfolgt mittels der ›Seilchenwinde‹. Nachdem das Zugseil in der gewünschten Länge einge-zogen, findet das Einbringen des Kabels in den Rohrstrang unter Benutzung der Kabel-winde zum Anziehen des Zugseils statt Der Kabelhaspel wird hierbei mittels einer starken Welle wagerecht entweder auf dem Kasten-rahmen des Kabeltransportwagens oder auf zwei Kopfwinden gelagert. An denjenigen Stellen, wo das Zugseil bzw. Kabel scharfe Winkel zu passiren hat, werden Gleitrollen angebracht.

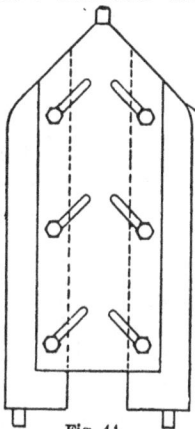

Fig. 44.

In welchen Einzellängen die Kabel in den Rohrstrang einzuziehen sind, richtet sich nach den örtlichen Verhältnissen. Vor Allem kommt hierbei neben dem Grundsatz, dass Löthstellen thunlichst zu vermeiden sind, in Betracht, ob die Axe des Rohr-stranges zwischen den einzelnen Brunnen durchweg eine gerade Linie bildet oder ob Abweichungen hier-von auf einzelnen Strecken vorkommen, ferner wie gross die Winkel sind, welche sich in einzelnen Brunnen bilden.

Kabelstücke von mehr als 200 m Länge werden in der Regel nicht vom Anfangspunkte nach einer und derselben Rich-tung hin, sondern von der Mitte der in Frage kommenden Theil-strecke aus nach beiden Seiten in den Rohrstrang eingebracht. Die hierbei sich bildende, immer enger und enger werdende Schleife muss so lange mit den Händen festgehalten werden, bis die vergrösserte Spannung in den Schutzdrähten sich wieder ausgeglichen hat.

Zur Einziehung in Rohrstränge gelangen ausschliesslich Kabel- mit einer Bewehrung aus verzinkten Flacheisendrähten (Façondrähten).

Kabellöthstellen (Spleissstellen).

Die Herstellung der Kabellöthstellen erfolgt durch besonders ausgebildete Unterbeamte, und zwar je nach der Beschaffenheit der Kabel in verschiedener Weise. Zur Umkleidung der Löth-stellen dienen die auf Seite 23 beschriebenen Muffen.

Ueberführungssäulen.

Die Ueberführungssäulen bestehen aus je 2 16/21 cm starken, mit Metallsalzen besonders zubereiteten Hölzern von meist 7 m

Länge, welche an ihrem oberen Ende 8 cm von einander ab-
stehen und auf je 1 m Länge um 2 cm divergiren. Im oberen
Theile werden die Hölzer an der inneren Seite auf 8 cm so ausgeschnitten, dass ein kastenartiger Raum
von 24 cm Weite entsteht. Der Zwischen-
raum zwischen den Hölzern wird auf
beiden Seiten durch 2,5 cm starke astfreie
Bretter, welche in Falze der Hölzer ein-
greifen und hier mittels Holzschrauben
befestigt werden, geschlossen, ausgenommen die eine Seite des kasten-
artigen Raumes, zu deren Verschluss
eine hölzerne, mit Gummistreifen zu
lidernde Einsatzthür dient. Die Anbringung der Isolationsvorrichtungen
an der Säule, sowie die Befestigung der zur
Verbindung der Leitungen dienenden
Doppelklemmen ergiebt sich aus Fig. 45.

Ueberführungskasten.

Ueberführungskasten werden ausschliesslich zur Verbindung oberirdischer Linien mit Tunnellinien verwendet
und an den Tunnelportalen in einer Höhe
von 2 — 3 m vom Boden angebracht.
Sie werden aus kiefernem geöltem Holze
hergestellt und erhalten in der vorderen
Seite eine mit Gummistreifen zu lidernde
Thür, welche mittels Vorreiber geschlossen
werden kann.

Die Abmessungen der Kasten richten
sich nach der Zahl der zu verbindenden Leitungen. Neben den Kasten
werden Rohrständer mittels Schellen am
Mauerwerk des Tunnelportals derart befestigt, dass die lothrechten Ebenen durch
die auf u-förmigen Stützen an den Rohrständern angebrachten Isolatoren mit
der Wand des Tunnelportals je einen

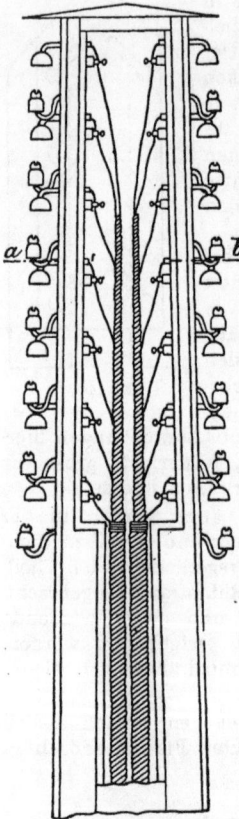

Fig. 45.

Winkel von 45° bilden. Die zur Ver-
bindung der Leitungen dienenden Doppelklemmen werden auf
Ebonitunterlagen an der hinteren Wand des Kastens befestigt,
die in den Seitenwänden einzusetzenden Ebonitrohre mit Glocken,
wie bei der Ueberführungssäule, in versetzter Stellung ange-

bracht. Die Verbindung der Ueberführungskasten mit den Kabel-
rinnen erfolgt nach Fig. 46.

Kabelaufführungspunkte.

Die Hochführung der Fernsprechkabel zu den Umschalteräumen der Aufführungspunkte *) findet meist an einer Aussenwand (Hofwand) des betreffen-
den Gebäudes statt, indem mit
Ausschnitten versehene Winkeleisen auf eisernen Mauerstützen
an der Gebäudewand befestigt
und an ihnen die Kabel mittels
Schellen festgelegt werden. Bis
zu einer Höhe von 3 m vom
Erdboden werden die Kabel mit
einem Schutzkasten ausHolz oder
Wellblech umgeben.

Die zur Verbindung der
Blitzableiter mit den oberirdischen Leitungen dienendenGum-
mikabel**) werden von den Umschalteräumen aus in Holzkanä-
len bis zu den Abspanngestän-
gen geführt und dort nach Entfernung des Bleimantels zwischen
den Querträgerschienen untergebracht. Die Verbindung der
Kabeladern mit den oberirdi-

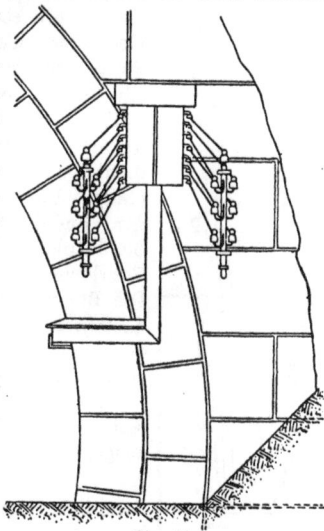

Fig. 46.

schen Leitungen erfolgt in der Regel unter Verwendung von
Ebonitschutzglocken.

Abschluss der Faserstoff- und Papierkabel bei ihrer Verbindung mit Luftlinien.

Die Kabel mit Faserstoff- und Papierisolirung können wegen
ihrer Empfindlichkeit gegen Feuchtigkeit nicht unmittelbar mit
Luftlinien verbunden werden, bedürfen vielmehr eines besonderen
Abschlusses, welcher den Eintritt der Feuchtigkeit in das Kabelende verhindert. Als Abschluss dienen: für die Telegraphenkabel
mit Faserstoffisolirung wetterbeständige Kabel, welche
im Innern der Ueberführungssäulen bzw. Ueberführungskasten
mit den Faserstoffkabeln verspleisst werden, für die Fernsprechkabel sogenannte ›Kabelendverschlüsse‹.

---

*) Siehe Seite 42.
**) Siehe Seite 51.

Fig. 47 stellt einen solchen Kabelendverschluss in Vorderansicht dar; er besteht aus einem gusseisernen, aussen verzinkten Trichter, dessen abgestumpfte Spitze zum Zweck der Einführung des Kabels mit einer dem Durchmesser des letzteren entsprechenden Durchbohrung, sowie mit einem Flansch versehen ist, gegen den behufs Abdichtung des Kabels ein starker Gummiring mittels eines Gegenflansches angepresst wird. Die vordere Platte des Trichters ist abnehmbar, um nach Einführung des Kabels die von ihrer Isolationshülle zu befreienden Adern leicht übersehen und ordnen zu können; als oberer Abschluss dient eine mit 57 Löchern *) versehene Ebonitplatte. Ueber dem Trichter befindet sich an der Wand des Umschalteraumes eine horizontale Stabilitplatte, welche in 6 Reihen ebenso viele Bohrlöcher enthält, als Adern vorhanden sind. Die Bohrlöcher dienen zur Aufnahme runder Klemmen, an deren unterem Ende die aus dem Trichter heraustretenden blanken Kabeladern festgelegt werden.

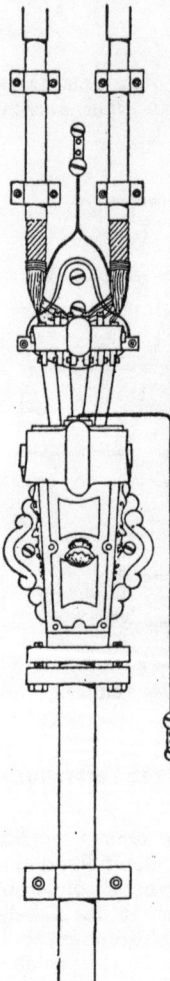

Nach Einbringung und Festlegung des Kabels wird der Trichter mit Isolationsmasse ausgegossen.

Schutz der Kabelleitungen gegen Entladungen der atmosphärischen Elektricität.

Die mit oberirdischen Leitungen verbundenen Kabelleitungen werden gegen Entladungen der atmosphärischen Elektricität durch Blitzableiter geschützt. Erfolgt die Verbindung der Leitungen mittels Ueberführungssäule oder Ueberführungskasten, so werden zu dem gedachten Zwecke Stangenblitzableiter an der nächsten geeigneten Stange (gewöhnlich der Abspannstange) angebracht. Bei Kabelaufführungspunkten gelangen Blitzableiter zu Klappenschränken**) zur Verwendung, welche in den Umschalteräumen oberhalb der Endverschlüsse untergebracht und einerseits mit

Fig. 47.

---

*) 56 Löcher für die Kabeladern und 1 Loch für die zu verseilenden Erdleitungsdrähte.

**) Diese Blitzableiter stellen eine Vereinigung der Spindel- und Spitzenblitzableiter dar.

den von letzteren ausgehenden Wachsdrähten, Ándererseits mit den
Adern der zu den oberirdischen Leitungen führenden Gummi-
kabel*) verbunden werden.

E. Technische Einrichtung der Betriebsstellen.

a) Telegraphenanstalten.

Leitungseinführung.

Die Einführung o b e r i r d i s c h e r Leitungen in die Amts-
gebäude erfolgt mittels Bleirohrkabel; zur Führung der letzteren
durch das Mauerwerk hindurch dienen — je nach der Zahl der
einzuführenden Leitungen — Ebonitrohre mit Glocke oder hölzerne Einführungskasten. Die metallische Verbindung der oberirdischen Leitungen mit den isolirten Drähten der Bleirohrkabel
findet an Isolatoren III**) statt, welche unterhalb der Ebonit-
glocken oder der Einführungskasten in geeigneter Weise zu
befestigen sind.

V e r s e n k t e Leitungen werden gewöhnlich in der Weise
eingeführt, dass die Aussenwand des Gebäudes unter der Erde
durchbrochen, und in die hierdurch entstehende Oeffnung ein
eisernes Rohr eingesetzt wird, welches zur Aufnahme der Kabel
dient. Im Innern des Gebäudes werden die Kabel, falls sie
zu den grossen unterirdischen Linien gehören, unmittelbar an die
Kabelumschalter, sonst zu einem unter dem Linienumschalter
aufgestellten Schrank geführt und zum Schutze gegen äussere
Beschädigungen mil hölzernen Rinnen umgeben. Die Kabel
der grossen unterirdischen Linien sollen von den übrigen Kabeln
überall mindestens 1 m entfernt bleiben.

In den Schränken unterhalb der Linienumschalter befinden
sich Querleisten aus hartem, gefirnisstem Holz über einander;
an diesen Leisten werden mittels Doppelklemmen die Kabeladern
mit den Drähten der nach den Blitzableitern führenden Bleirohrkabel verbunden. Faserstoffkabel müssen vor dieser Verbindung zum Schutz gegen das Eindringen von Feuchtigkeit
durch Anspleissen wetterbeständiger Kabel abgeschlossen werden.

Die von der Eisendrahtbewehrung u. s. w. befreiten Kabeladern
sind übersichtlich so zu ordnen, dass sie auch bei Beschädigung
der isolirenden Hülle sich nicht berühren, und dass die Bleirohrkabel ohne Kreuzungen zu den Blitzableitern oder Um-
schaltern geführt werden können.

---

*) Vergl. Seite 49.
**) Siehe Seite 83.

Um den Zug der senkrecht herabhängenden Telegraphen-
und Bleirohrkabel auf die Befestigungsstellen der einzelnen Adern
aufzuheben, legt man die Kabel im Inneren der Umschalter
mittels Klemmleisten fest. Die Bezeichnung der einzelnen Adern
erfolgt mittels kleiner Blechtäfelchen, welche mit Draht an den
Adern zu befestigen sind, oder auf sonstige geeignete Weise.

Zimmerleitung.

Zur Herstellung der Zimmerleitung werden thunlichst vier-
adrige Bleirohrkabel verwendet. Dieselben sind je nach Umständen unter der Bedielung, auf der Bedielung (längs der Scheuer-
leiste) oder an den Wänden entlang (mittels Wandleisten) zu
führen. Ist die Batterie in einem besonderen Raume aufgestellt,
so werden die Adern der Bleirohrkabel an ihrer Eintrittsstelle
in den Batterieraum an einer Wandleiste abgespannt und mit
den von den Batteriepolen ausgehenden blanken Kupferdrähten
verlöthet.

Alle in ein Amt eingeführten Leitungen, also auch diejenigen, welche lediglich zu Untersuchungszwecken eingeführt
oder in der Nähe des Amts bereits durch Stangenblitzableiter
geschützt sind, werden zunächst an Plattenblitzableiter gelegt,
welche bei Aemtern mit nicht mehr als 4 Apparaten auf den
zugehörigen Tischen, bei grösseren Aemtern entweder auf Wand-
konsolen (über oder neben dem Linienumschalter) oder auf
einem gemeinsamen Pult mit dem Umschalter oder endlich auf
einem besonderen Gestelle Aufstellung erhalten.

Tafel I stellt die Führung der Zimmerleitungen bei einer
grösseren Telegraphenanstalt dar.

Aufstellung der Apparate.

Die zu einem Morsesystem gehörenden Apparate werden
auf Tischen (für 1, 4 oder 10 Apparate) aufgestellt und, sofern
ihr Standpunkt nicht durch ihr eigenes Gewicht oder die an
ihnen befestigten Zuführungsdrähte genügend gesichert erscheint,
durch Holzschrauben auf der Tischplatte befestigt. Zur Verbindung der Apparate unter einander und mit den Tischklemmen
dient blanker Kupferdraht von 1,5 mm Stärke. Derselbe ist an
der Unterfläche der Tischplatte derart zu führen, dass Kreuzungen
möglichst vermieden werden; lassen sich solche ausnahmsweise
nicht umgehen, so wird an den Kreuzungsstellen zu beiden Seiten
des einen Drahtes je ein Holzklötzchen von etwa 3 cm Höhe
und Breite und der nach den Umständen erforderlichen Länge
an die Tischplatte angeschraubt und der andere Draht über die
Holzklötzchen hinweggeführt.

In sehr feuchten Diensträumen gelangt an Stelle des blanken Kupferdrahtes isolirter Draht zur Herstellung der Tischverbindungen zur Verwendung.

Die **Klopferapparate** werden in Schallkammern aufgestellt, und zu diesem Zweck die Zuführungsdrähte durch die vorgesehene Oeffnung in den Messingständern der Schallkammern hindurchgeführt. Um das Geräusch der Apparate von den benachbarten Arbeitsplätzen abzuhalten, werden die Tische mit 75 cm hohen Scheidewänden mit Glasfüllung ausgerüstet. Die Verbindung der Klopfer mit den zugehörigen Tasten, Galvanoskopen u. s. w. erfolgt mittels 1,5 mm starken Kupferdrahts in derselben Weise wie beim Morsesystem.

Hughesapparate werden gewöhnlich in Reihen neben einander aufgestellt, und zwar in unterwölbten Räumen auf besonderen Fundamenten, in nicht unterwölbten Räumen unmittelbar auf den Balken oder auf besonders eingesetzten Wechseln. Neben jedem Apparat wird zur Aufnahme der Zuführungsleitungen eine gusseiserne hohle Säule angebracht, welche oben mit einem für die Leitungen durchlochten Deckel verschlossen ist.

Erdleitung.

Die Erdleitung wird bei Aemtern mit Hughesbetrieb aus Gasrohr mit Bleiblech-Erdplatte, bei Anstalten mit nicht mehr als 4 Leitungen aus einem Drahtseile von mindestens 4 verzinkten, 4 mm starken Eisendrähten und bei den übrigen Anstalten in der Regel ausschliesslich aus Gasrohr hergestellt.

Der äussere Durchmesser der zu Erdleitungen verwendeten Gasrohre soll etwa 3 cm, die Wandstärke 5 mm betragen; die Rohre sind durch Verlöthen gut mit einander zu verbinden und in ihrer ganzen Länge mit Asphalttheer zu überziehen, ausgenommen der als Erdplatte dienende Theil.

Die Erdleitungen werden thunlichst durch die behufs Einführung der Leitungen in dem Mauerwerk angebrachte Oeffnung nach aussen geführt und an der äusseren Wandfläche des Gebäudes erforderlichen Falls durch Deckleisten geschützt.

Etwa vorhandene Wasser- und Gasleitungen sind mit den Erdleitungen stets metallisch zu verbinden.

Aufstellung der Batterien.

Die primären Batterien werden bei Aufstellung in besonderen Räumen in Fachwerken, bei Aufstellung im Apparat- oder einem anderen Dienstzimmer in verschliessbaren Schränken mit Glasthüren untergebracht. Die Fachwerke erhalten einen zweimaligen Leinölanstrich und nach dem Eintrocknen einen Firnissüberzug, die Schränke im Inneren einen weissen Oelfarbenanstrich.

Zur Aufstellung der Sammlerbatterien werden stets Schränke verwendet; die Einlagebretter 'der letzteren sind zur besseren Isolirung der Zellen der Länge nach mit je 2 Ebonitrohren zu belegen, welche durch festgeschraubte Holzklötzchen in ihrer Lage festgehalten werden.

b) Fernsprech-Vermittelungsämter.

Zur Einführung oberirdischer Leitungen dienen einadrige Bleirohrkabel oder — bei einer grösseren Zahl der Leitungen — Gummikabel, welche, sofern sie nicht innerhalb des Gebäudes mittels Klemmleisten übersichtlich geordnet an den Wänden entlang geführt werden können, in verschliessbaren Holzkasten untergebracht werden. Müssen diese Kasten zwecks Heranführung der Kabel an gewöhnliche eiserne Abspanngestänge streckenweise auf dem Dache angelegt werden, so sind sie zur Abhaltung der Nässe mit einer mit Oelfarbe zu streichenden Blechumkleidung und mit einem dachartig übergreifenden, ebenfalls mit Blech beschlagenen Deckel zu versehen; ausserdem sind die Kabel in diesem Theil der Kasten mit einem die Wärme schlecht leitenden Material zu umgeben. Von den Holzkasten aus werden die Kabel in hölzernen Rinnen nach den einzelnen Querträgern der Abspanngestänge geführt.

Bei kuppelartigen Abspanngerüsten*) treten die Kabel im Innern des Kuppelraums in einem oben abgeschlossenen Schachte aus dem Dache heraus; von hier aus werden sie in hölzernen Rinnen nach den Längsrippen des Gerüstes bzw. an diesen in die Höhe bis zu den einzelnen Querträgern geführt und sodann zwischen den Querträgerschienen untergebracht. Die Verbindung der Kabeladern mit den oberirdischen Leitungen erfolgt in der Regel unter Verwendung von Ebonitschutzglocken.

Hinsichtlich der Einführung versenkter Fernsprechleitungen gilt im Allgemeinen das, was auf Seite 49 über die Einführung der Fernsprechkabel in die als Kabelaufführungspunkte benutzten Gebäude gesagt worden ist. Falls die Hochführung der Kabel in der dort beschriebenen Weise mit Rücksicht auf die Zahl und das Gewicht der Kabel nicht angängig sein sollte, wird für diesen Zweck ein mit Wellblech bekleidetes Gerüst aus Winkeleisen mit Kreuzverstrebungen hergestellt von einer solchen Tragfähigkeit, dass es die Last der aufzuführenden Kabel vollständig aufnehmen kann, und das Gebäude nur in geringem Maasse durch die zum Festhalten des Gerüstes in seiner senkrechten Stellung dienenden Steinschrauben in Anspruch genommen wird.

*) Siehe Seite 40.

Die Verbindung der Blitzableiter mit den Klappenschränken erfolgt mittels 16- oder 28 adriger Zimmerleitungskabel. Bei Vermittelungsämtern grösseren oder mittleren Umfanges werden zwischen Blitzableiter und Klappenschränke besondere Umschaltevorrichtungen eingeschaltet, welche im Allgemeinen die in Fig. 48 dargestellte Einrichtung erhalten. Zur Verbindung der Klemmen an den Umschaltevorrichtungen wird ausschliesslich Wachsdraht verwendet.

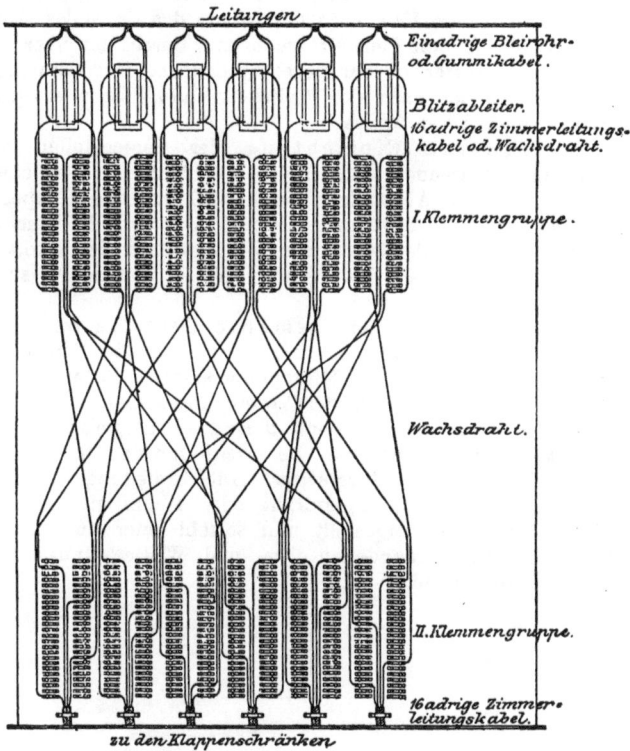

Leitungen

*Einadrige Bleirohr-
od. Gummikabel.*

*Blitzableiter.
16adrige Zimmerleitungs-
kabel od. Wachsdraht.*

I. Klemmengruppe.

Wachsdraht.

II. Klemmengruppe.

*16adrige Zimmer-
leitungskabel.*

zu den Klappenschränken

Fig. 48.

Zimmerleitungskabel und Wachsdraht werden mit einer asbesthaltigen Baumwollumspinnung, sämmtliche im Umschalteraum befindlichen, zur Führung der Kabel und Wachsdrähte dienenden Bretterwände, Kanäle, Holzleisten u. s. w. mit einem mehrfachen Anstrich von Asbestfarbe versehen.

Die Erdleitung wird aus 1,5 mm starkem Kupferdraht oder aus 4 mm starkem, verzinktem Eisendraht hergestellt und mit etwa vorhandenen Gas- und Wasserleitungsrohren metallisch verbunden.

c) Fernsprechstellen.

Die Theilnehmerleitung wird an dem letzten Isolator vor der Einführungsstelle abgespannt und mit einadrigem Bleirohrkabel unter Verwendung einer Ebonitschutzglocke verbunden. Die Einführung des Kabels in das Innere des Gebäudes erfolgt entweder durch den Fensterrahmen bzw. durch das über oder neben dem Fenster in der Regel vorhandene Backsteinmauerwerk oder in der nach den örtlichen Verhältnissen sonst angängigen einfachsten Weise.

Zur inneren Einrichtung der Sprechstellen wird Wachsdraht verwendet, welcher durch Schlaufen aus ungefettetem Schafleder in Abständen von etwa 1 m mittels Tapezierstifte an den Zimmerwänden zu befestigen ist. In feuchten Räumen tritt an die Stelle des Wachsdrahtes Bleirohrkabel, dessen Befestigung an den Wänden mittels Wandhaken zu erfolgen hat.

Die zur Aufnahme der Elemente dienenden verschliessbaren Schränkchen sind möglichst in der Nähe der Fernsprechgehäuse anzubringen. Die Mikrophonelemente dürfen mit der Weckbatterie nicht in leitender Verbindung stehen.

Jede Fernsprechstelle erhält 2 Erdleitungen: eine für die Leitung und die Batterie, die zweite für den im Apparatgehäuse befindlichen Blitzableiter. Die Erdleitungen werden aus 1,5 mm starkem Kupferdraht oder 4 mm starkem verzinktem Eisendraht hergestellt und sowohl unter einander, als auch mit etwa vorhandenen Gas- und Wasserleitungsrohren metallisch verbunden.

Abschnitt III.

Apparate.

In der Reichs-Telegraphenverwaltung werden folgende Apparate verwendet:

für Telegraphie: Morseapparat (Normalfarbschreiber von Siemens),
Klopfer und
Hughesapparat;

für Telephonie: Fernhörer und
Mikrophon;

als Hilfsapparate: Tasten,
Galvanoskope,
Relais,
Fernsprechübertrager,
Umschalter,
Klappenschränke,
Vielfachumschalter,
Weckinduktoren,
Wecker und
Blitzableiter.

Von den genannten Apparaten sollen hier nur diejenigen beschrieben werden, deren Bauart in der „Beschreibung der in der Reichs-Telegraphenverwaltung gebräuchlichen Apparate" bisher nicht erläutert ist, nämlich

der Fernsprechübertrager,

der Vielfachumschalter für Fernsprech-Vermittelungsämter und

der Klappenschrank für Fernsprech-Verbindungs-(Doppel-) Leitungen.

Der Fernsprechübertrager.

Der neuerdings ausschliesslich verwendete Fernsprechüberträger von Münch stellt eine Induktionsrolle dar, deren Wickelungen aus je 4000 Windungen eines 0,2 mm starken, durch Seide isolirten Kupferdrahtes bestehen. Als Eisenkern dient ein 13 cm langes, 3 cm dickes Bündel ausgeglühter Drähte, welche durch Lacküberzug vor gegenseitiger metallischer Berührung geschützt sind. Zwischen Kern und primärer Wickelung, sowie

zwischen dieser und der sekundären Wickelung befindet sich
je eine Lage Papier. Die Aussenseite der sekundären Wickelung
ist zur Erhöhung der Induktionswirkung mit dicht nebeneinander
gelagerten Eisendrahtbündeln von etwa 0,5 cm Durchmesser
umgeben.

Widerstand der primären Wickelung rd. 200 Ω, der sekundären
Wickelung 250 Ω.

Der Vielfachumschalter für Fernsprech-Vermittelungsämter.

Der Vielfachumschalter gestattet jedem Betriebsbeamten,
sämmtliche auf seinem Arbeitsplatze vorkommenden Verbindungen
auszuführen, ohne einen Mitarbeiter in Anspruch zu nehmen
oder seinen Arbeitsplatz zu verlassen. Um dies zu erreichen,
lässt man jede in das Amt einmündende Leitung, bevor sie in
einem der Schränke durch den Klappenapparat an Erde gelegt
wird, sämmtliche in dem Amte vorhandenen Schränke durchlaufen,
und führt dabei die Leitung in jedem Schranke über eine
Klinke mit Stöpselloch. Nur an einem Schranke können also
Anrufe des Inhabers der Leitung entgegengenommen werden,
während Verbindungen mit der Leitung, die von anderen Theil-
nehmern verlangt werden, sich auch an jedem der übrigen
Schränke ohne Weiteres ausführen lassen.

Je nachdem zur Herstellung einer Verbindung an den Viel-
fachumschaltern zwei Stöpselungen oder nur eine erforderlich
sind, unterscheidet man das Zweischnur- und das Einschnursystem.

Das Zweischnursystem.*)

Jeder Schrank**) enthält:

1. 1 Klinkenfeld mit so vielen Klinken, als Leitungen zum
   Betriebe in das Vermittelungsamt eingeführt werden sollen;
2. 1 Satz von 200 Klinken als Abfrage- oder Lokalklinken
   für die an dem Schrank endenden 200 Leitungen;
3. 200 Klappenelektromagnete zum Empfang des Anrufs
   aus den unter 2. angeführten Leitungen;
4. 40 Verbindungsvorrichtungen, jede bestehend aus 2 Stöp-
   seln mit Schnur und Rollgewicht, 1 Hebelumschalter
   und 1 Klappenelektromagneten zur Entgegennahme des
   Schlusszeichens;
5. 3 Abfragesysteme, enthaltend je 1 Mikrophon nebst Zubehör, 1 Fernhörer, 4 Ruftasten und 1 Kontrolumschalter
   nebst Kontrolstöpsel und Kontrolbatterie;

---

*) Archiv für Post und Telegraphie 1897.
**) Statt der schrankförmigen Umschalter gelangen neuerdings vielfach
Umschalter in Tischform zur Verwendung.

6. die zur Verbindung der Apparate u. s. w. erforderlichen Kabel.

Die Anordnung der genannten Theile in dem Schranke ergiebt sich aus Fig. 49; letztere veranschaulicht gleichzeitig den

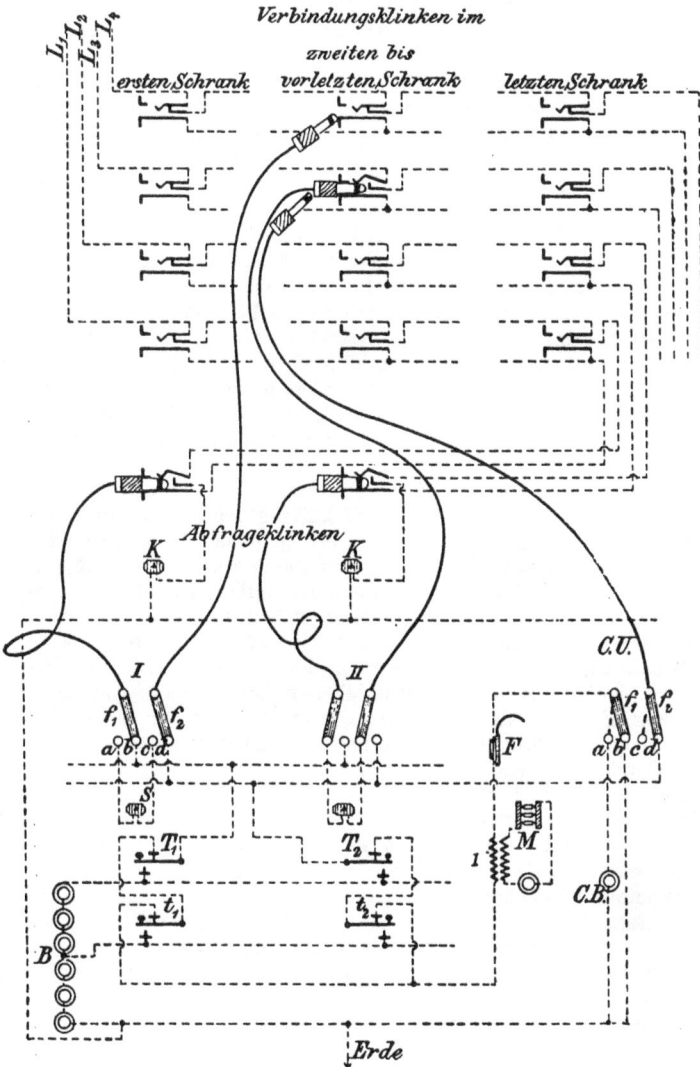

Fig. 49.

Stromlauf von 4 Leitungen L_1 L_2 L_3 L_4 in einem Vermittelungsamte mit mehreren Umschalteschränken. Die Stöpselhülsen der
zu den einzelnen Anschlussleitungen gehörenden Klinkenreihen
sind, wie aus der Figur hervorgeht, durch besondere „Prüfungs-
leitungen" untereinander verbunden.

Die Bedienung des Umschalters vollzieht sich folgendermassen: Beim Fallen einer Klappe (etwa der Leitung L_1) auf
den Anruf aus der Theilnehmerstelle setzt der Beamte einen der
beiden gleichwerthigen Stöpsel eines Schnurpaares in die Abfrageklinke. Dadurch wird die mit der benutzten Stöpselschnur
verbundene Feder (f_1) des Umschalters an die Leitung L_1 gelegt,
und es fliesst der Strom aus der Kontrolbatterie (CB) über den
Kontakt a und die Feder f_1 des Kontrolumschalters CU, durch
den Fernhörer F und die Mikrophonrolle I, sowie über die
Tasten t_1 und T_1, den Kontakt b und die Feder f_1 des Umschalters I, die Schnur, den Stöpsel und die Klinkenfeder in
die mit der Abfrageklinke verbundene Leitung (des rufenden
Theilnehmers). Der Strom erreicht sehr bald die durch den
Widerstand des Stromkreises und durch die Grösse und Richtung
der darin wirkenden elektromotorischen Kräfte (z. B. der Kontrolbatterie in der Vermittelungsanstalt, des Kontrolelementes beim
Theilnehmer, u. A. auch der Erdplatten- und der vagabundirenden
Ströme) bedingte Stärke und verursacht alsdann kein weiteres
Geräusch im Fernhörer F. Der Beamte fragt nunmehr ab und
hat danach festzustellen, ob die Leitung des verlangten Theilnehmers frei ist. Diese Prüfung erfolgt in der Weise, dass der
zweite Stöpsel des Schnurpaares mit seiner Spitze an die Stöpselhülse einer Klinke von der Leitung des verlangten Theilnehmers
gelegt wird. Ist die Prüfungsleitung, welche die Hülsen der unter-
suchten Klinkenreihe verbindet, isolirt, so entsteht keine
Aenderung in den Widerstands- und damit auch nicht in den
Stromverhältnissen des beschriebenen Stromweges; der Fernhörer F bleibt daher in Ruhe. Steckt jedoch in einer der
Klinken ein Stöpsel, der die Prüfungsleitung mit der Klinkenleitung
verbindet, so wird beim Anlegen des zur Prüfung benutzten
zweiten Stöpsels an die Hülsenöffnung ein zweiter Stromweg
für die Kontrolbatterie gebildet, der mit dem bereits vorhandenen
die Verbindung von CB über Kontakt a und Feder f_1 des Umschalters CU, durch den Fernhörer F und die Mikrophonrolle I
gemeinsam hat, sich dann aber durch die Tasten t_2 und T_2, den
Kontakt d und die Feder f_2 des Umschalters I, die Schnur und
den zweiten Stöpsel in die Prüfungsleitung und von dieser in die
Erdverbindungen besitzende Klinkenleitung abzweigt. Der zweite
Stromweg führt eine wesentliche Verminderung des Gesammtwiderstandes im Schliessungskreise der Kontrolbatterie herbei.
Die Stärke des den Fernhörer durchfliessenden Stromes schnellt

dementsprechend empor, und das dadurch entstehende Knacken im Fernhörer meldet dem Beamten, dass die untersuchte Leitung besetzt ist.

Angenommen, die in der beschriebenen Weise ausgeführte Prüfung habe ergeben, dass die Leitung des verlangten Theilnehmers frei ist; es erfolgt nunmehr die Herstellung der Verbindung beider Theilnehmer durch Einsetzen des zweiten Stöpsels in die geprüfte Klinke und durch Umlegen des Umschalters auf die Kontakte a und c, welche zur Einschaltung der Schlussklappe dienen.

Soll festgestellt werden, ob eine zwischen zwei Leitungen bestehende Verbindung getrennt werden darf, so ist die Lenkstange des Kontaktumschalters CU nach vorn zu ziehen, wodurch seine Federn, wie in der Fig. 49 dargestellt, sich auf die Kontakte b und d legen. Alsdann wird die Spitze des mit der Feder f_2 des Kontrolumschalters verbundenen Stöpsels an den Metallring am äusseren Ende eines der zur Ausführung der Verbindung benutzten Stöpsel gelegt. Haben die verbundenen Theilnehmer die Fernhörer noch abgehängt, so fliesst der Strom der Kontrolelemente in den Sprechstellen aus den betreffenden beiden Leitungen über den Kontrolstöpsel, die Feder f_2 von CU, den Kontakt d, die Tasten T_2 und t_2, die Mikrophonrolle I, den Abfragefernhörer F, die Feder f_1 von CU und den Kontakt b zur Erde. Im Abfragefernhörer macht sich daher wiederum ein knackendes Geräusch bemerkbar. Das Ausbleiben dieses Geräusches, sobald die Fernhörer in den Sprechstellen angehängt sind, dient dem Beamten als Zeichen, dass die Verbindung getrennt werden darf.

Das Einschnursystem.[*])

Bei dem Einschnursystem endet jede in das Amt eingeführte Leitung in einer Verbindungsschnur mit Stöpsel. Durch Einsetzen des Stöpsels der einen Leitung in die Klinke der anderen werden die Verbindungen hergestellt. Besondere Lokalklinken sind bei dieser Einrichtung nicht erforderlich, auch besondere Schlusszeichenklappen fehlen; zur Entgegennahme des Anrufs und des Schlusszeichens werden dieselben Klappen benutzt.

Die Ausrüstung jedes Schrankes umfasst folgende Theile:
1. die Klinken, deren Zahl in jedem einzelnen Falle durch die Zahl der in das Amt eingeführten Leitungen bestimmt wird;
2. 200 Klappen-Elektromagnetsysteme für Anruf und Schlusszeichen;
3. 200 Verbindungsvorrichtungen, bestehend aus je 1 Stöpsel mit Schnur und Rollgewicht, 1 Erdumschalter, 1 Hörund Anrufschlüssel;

---

[*]) Archiv für Post und Telegraphie 1894. In neuester Zeit werden Umschalter nach dem Einschnursystem nicht mehr beschafft.

4. 3 Abfragesysteme, jedes bestehend aus 1 Fernhörer, 1 Mikrophon nebst Zubehör und 1 Taste zum Ein- und Ausschalten des Prüfungselements;

5. 3 Prüfungssysteme, enthaltend je 1 Stöpsel mit Schnur- und Rollgewicht, 1 Taste, 1 Kontaktplatte und 1 Stöpselhülse;

6. 6 Verbindungsvorrichtungen, wie sie beim Zweischnur-system beschrieben worden sind, zur Aushilfe;

7. die erforderlichen Kabel.

Die Anordnung der genannten Theile in den Umschalte-schränken ergiebt sich aus Fig. 50; letztere veranschaulicht gleichzeitig die Führung von 4 Leitungen L_1 L_2 L_3 L_4 durch eine Reihe von 4 Schränken T_1 T_2 T_3 T_4. L_1 und L_2 liegen in dem Schrank T_1, L_3 und L_4 in dem Schrank T_4 auf Klappe. Unter Beifügung entsprechender Unterscheidungszahlen sind mit E U die Erdumschalter, mit H die Hör- und Anrufschlüssel, mit K die Anrufklappen, mit ZS die Verbindungsvorrichtungen nach dem Zweischnursystem, mit AS die Abfragesysteme, mit HS die Prüfungssysteme, mit B die Anrufbatterien bezeichnet. In den Prüfungssystemen HS bedeuten 37 38 die Stöpselhülsen, 39 40 die Kontaktplatten, 35 36 die Tasten und 5 10 die Stöpsel.

Ein über L_1 ankommender Weckstrom nimmt seinen Weg über die Klinken a_1 in sämmtlichen Schränken, durchläuft dann die Elektromagnetrolle der Klappe K_1, berührt das Metallstück n des Hör- und Anrufschlüssels H_1 und findet von dort sowohl über die Feder i (in H_1), die Stöpselschnur, den Stöpsel s_1 und die Metallschiene m, als auch über die Feder f des Erdum-schalters EU_1, s_1 und m einen Weg zur Erde. Nachdem die Klappe K_1 gefallen ist, hat der Beamte den Stöpsel s_1 aus dem Erdumschalter herauszunehmen. Da die Federn c d f in EU_1 nunmehr unter einander Kontakt haben, so ist der Abfrage-apparat AS_1 in die Leitung eingeschaltet, und der Stromweg folgender: L_1 a_1 (T_1) a_1 (T_2) u. s. w. K_1 n f (EU_1) c h (H_1) g 47 46 27 29 31 33 Erde. Verlangt nun der Theilnehmer von L_1 eine Verbindung, z. B. mit L_4, so muss zunächst geprüft werden, ob diese Leitung frei ist; zu diesem Zweck wird mit s_1 die Hülse der Klinke a_4 (T_1) berührt. Steckt etwa in a_4 (T_4) der Stöpsel s_4, so giebt das Prüfungselement 33 über 31 29 27 46 47 g h (H_1) c f (EU_1) n i (H_1) s_1 45 48 s_4 und L_4 Strom, welcher dem Be-amten durch das Knacken im Fernhörer anzeigt, dass L_4 besetzt ist. Wird kein Geräusch vernommen, so setzt er den Stöpsel s_1 in den Klinkenumschalter a_4 (T_1) und schiebt den Knopf p (in H_1) abwärts, wodurch die Zuführung nach dem Abfrage-system gegen die verbundenen Theilnehmerleitungen isolirt wird. Der Sprechstrom von Theilnehmer zu Theilnehmer nimmt den Weg:

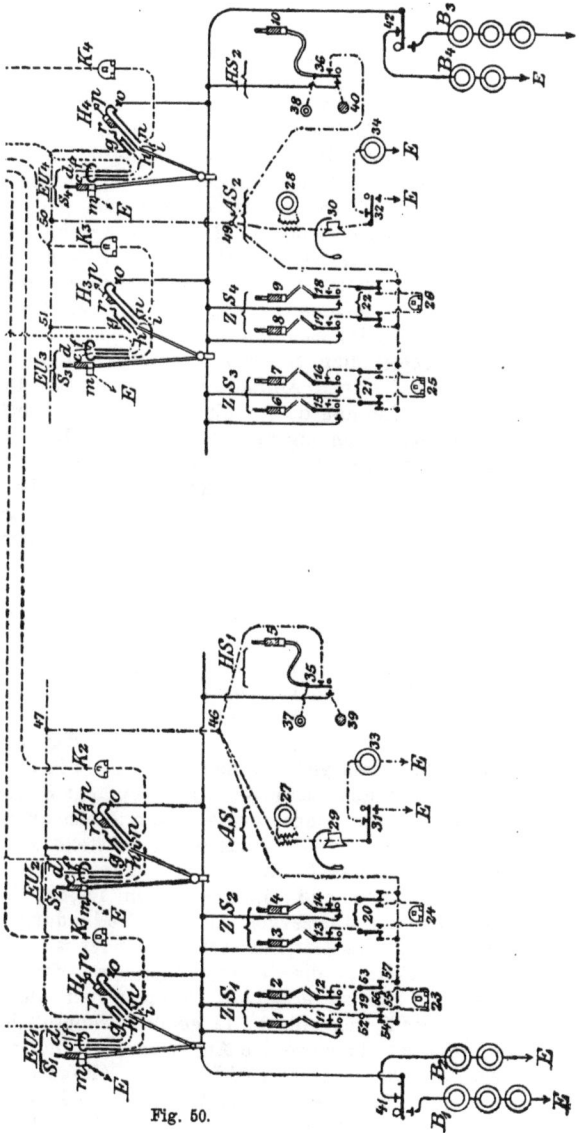

Fig. 50.

L_4 43 s_1 i n (H_1) K_1 a_1 (T_4) a_1 (T_3) a_1 (T_2) a_1 (T_1) L_1. Soll der Inhaber der Leitung L_4 geweckt werden, so wird mittels des Knopfes p (H_1) i gegen o gedrückt: der Strom der Batterie B_2 (oder B_1, wenn gleichzeitig die Taste 41 niedergedrückt wird) geht über 41 o i s_1 und 43 in die Leitung L_4. Auf das Schlusszeichen der Theilnehmer fällt wiederum die Klappe K_1. Nach Beendigung des Gesprächs ist der Stöpsel s_1 aus dem Klinkenumschalter a_1 (T_4) zu entfernen und in den Erdumschalter EU_1 einzusetzen; gleichzeitig ist der Schieber p des Hör- und Anrufschlüssels H_1 wieder in die ursprüngliche Lage zu bringen.

Das Prüfungssystem (HS_1 bzw. HS_2) kann vermöge seiner Schaltung zu verschiedenen Zwecken benutzt werden. Mit einem Theilnehmer, dessen Leitung im Nachbarschrank auf Klappe liegt, verständigt sich der Beamte, indem er durch Einsetzen des herbeigeholten Stöpsels in die Metallhülse 37 (HS_1) die Leitung auf seinen Abfrageapparat schaltet. Die Prüfung der verlangten Leitung darauf hin, ob sie frei ist, erfolgt mit Hilfe des Stöpsels 5 im eigenen Schrank. Die Herstellung der Verbindung selbst wird hierauf durch Einsetzen des herbeigeholten Stöpsels in das betreffende Klinkenloch in der gewöhnlichen Weise bewirkt. Ein beliebiger Theilnehmer wird geweckt, indem man den Stöpsel 5 in die Klinke dieses Theilnehmers setzt und die Taste 35 niederdrückt, oder einfacher noch, indem man mit dem herbeigeholten Stöpsel des anzurufenden Theilnehmers die Kontaktplatte 39 berührt. Die Stöpsel 5 und 10 der Hilfssysteme werden im Weiteren zur Prüfung der bestehenden Verbindungen benutzt, derart, dass man mit der Spitze des Hilfsstöpsels nach einander die in den Klinken steckenden Verbindungsstöpsel an ihrem metallischen Fussende berührt und gleichzeitig durch Niederdrücken der Tasten 31 bzw. 32 das Prüfungselement ausschaltet. Das Abfragesystem liegt dann in einer Abzweigung der verbundenen Leitungen und empfängt Strom von den bei den Sprechstellen angeordneten Prüfungselementen, sofern noch auf der einen oder der anderen Sprechstelle der Fernhörer abgehängt ist. Der Beamte kann sich auf diese Weise, sowie durch Mithören und Hineinsprechen in die Leitungen sehr schnell davon überzeugen, ob die Verbindung noch benutzt wird oder ob das Gespräch schon beendet ist.

Es erübrigt, die Verwendungsweise der Zweischnurvorrichtungen ZS zu erläutern. Nehmen wir an, es habe sich herausgestellt, dass die zu L_1 gehörige Stöpselschnur schadhaft geworden ist; L_2 möge das Amt angerufen haben. Der Beamte steckt nun den Stöpsel 1 (ZS_1) in die Klinke a_1 (T_1); dann ergiebt sich folgender Stromlauf: L_1 a_1 (T_1) 1 11 52 54 46 27 29 31 33 E, d. h. der Abfrageapparat ist eingeschaltet. Nachdem L_1 eine Verbindung, etwa mit L_2, verlangt hat, wird der Stöpsel 2

(ZS₁) in die Klinke a₃ (T₁) fgesetzt und der Hebel des Umschalters 19 umgelegt. Stromlauf: L₁ a₁ (T₁) 1 11 52 55 23 56 53
12 2 a₃ (T₁) L₃. Die Leitungen L₁ und L₃ sind also unter Zwischen-
schaltung der Schlusszeichenklappe 23 mit einander verbunden.

Der Klappenschrank für Fernsprech-Verbindungs-(Doppel-) Leitungen.*)

An jedem Klappenschrank enden 2 Doppelleitungen. Zur
Verbindung derselben mit den übrigen, in das Amt eingeführten
Doppelleitungen dienen 40 (in 4 Reihen zu 10 übereinander
angeordnete) Klinken, die — soweit sie zu einer und derselben
Doppelleitung gehören — in sämmtlichen Schränken neben-
einander geschaltet sind.

Fig. 51 stellt den Stromlauf innerhalb eines Klappenschranks
schematisch dar. Von den erwähnten 40 Klinken sind der
Uebersichtlichkeit halber nur 4, nämlich $k\,\alpha^1$ $k\,\beta^1$ $k\,\alpha^2$ $k\beta^2$, ein-
gezeichnet und von letzteren wiederum nur 2 ($k\,\alpha^1$ $k\,\beta^1$) mit den
Drähten der an einem anderen Klappenschrank liegenden
Doppelleitung F_III verbunden.

Die am Klappenschranke endenden Doppelleitungen F_I
und F_II liegen an den Klinken $k\,a^1$ $k\,b^1$ bzw. $k\,a^2$ $k\,b^2$. Werden
die Doppel-Hebelumschalter U_I und U_II geschlossen, so ist das
Amt für F_I und F_II als Zwischenstelle geschaltet; in der Brücke
liegen dann die Klinken k₁ k₂ und die Klappe K.

Um an Stelle der letzteren das Abfragesystem einzuschalten,
wird der Stöpsel S₁ in die Klinke k₁, SS₁ in die Klinke k₂, SA
in die Klinke k₃ gesteckt und der mit dem Stöpsel S₁ verbundene einfache Hebelumschalter H_I auf b gestellt, d. h. nach
vorn gezogen. Da die vom Kerne isolirte Spitze des Stöpsels SA
mit der sekundären Rolle des Induktors Ir, der Stöpselkern mit
dem Körper der Taste TA verbunden ist, liegen die Sprech-
apparate jetzt zwischen Hülse und Feder der Klinke k₃ und
sind, in Nebeneinanderschaltung mit dem Fernsprechübertrager I_I, durch die Stöpsel S₁ SS₁ und die Hülsen der Klinken
k₁ k₂ statt der Klappe K in die Brücke geschaltet. Der Fernhörer FA ist mit einem Druckkontakte versehen, durch welchen
das Mikrophon M mit der Batterie MB und dem Induktor Ir
aus- und eingeschaltet werden kann. Zum Wecken ist die
Taste T_I niederzudrücken.

In gleicher Weise kann die Schaltung zum Sprechen, Mithören und Anrufen in Zwischenstellung durch Einsetzen der
Stöpsel S₂ SS₂ in die Klinken k₁ k₂, des Stöpsels SA in die
Klinke k₄ und durch Einstellung des Umschalters H_II auf b
bzw. durch Niederdrücken der Taste T_II bewirkt werden.

---

*) Canter, Die Technik des Fernsprechwesens.

Sollen die Doppelleitungen F_I und F_{II} in Endstellung auf die Klappen K_I und K_{II} gelegt werden, so sind die Stöpsel

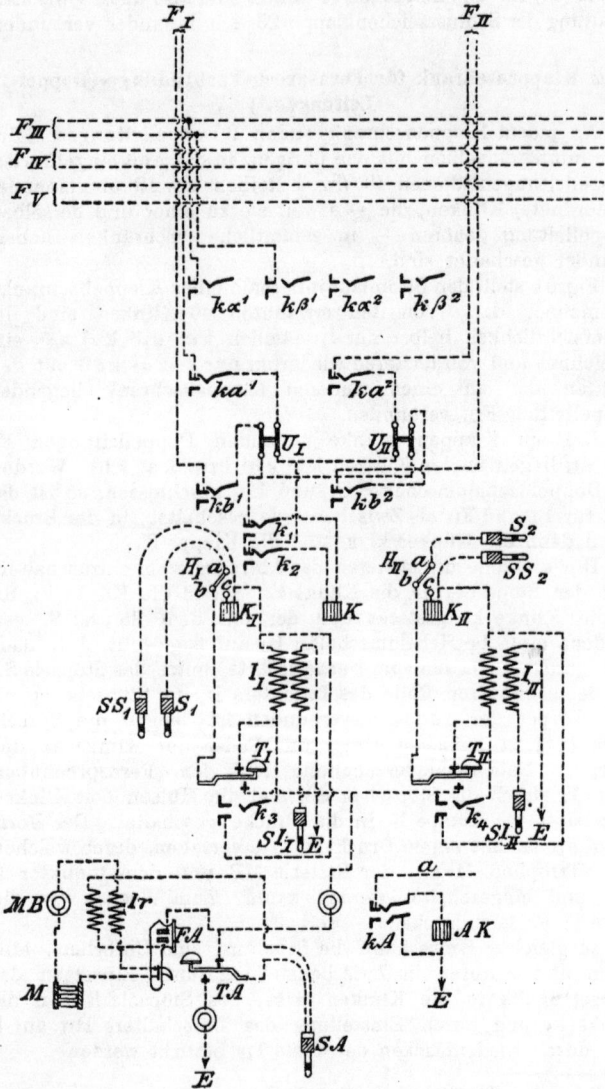

Fig. 51.

S_1 SS_1 in die Klinken k a^1 und k b^1, die Stöpsel S_2 SS_2 in die Klinken k a^2 und k b^2 zu stecken. Hierdurch wird, indem die isolirten Spitzen der Stöpsel die Klinkenfedern von den Hülsen abheben, die Verbindung der Leitungen mit den Doppel-Hebel-umschaltern aufgehoben und eine solche mit den einfachen Hebelumschaltern hergestellt. Letztere werden nach hinten gedrückt, wodurch a mit c Verbindung erhält.

Um eine Doppelleitung, etwa F_{II}, beim Vermittelungsamte auf Apparat zu legen, ist — unter Beibehaltung der Stöpselungen S_1 / k a^1 SS_1 / k b^1 — der Stöpsel SA in die Klinke k$_3$ zu stecken und der Hebelumschalter H_I nach vorn auf b zu stellen. Die sekundäre Rolle des Fernsprechübertragers I_I und die Sprech-, Hör- und Anrufapparate sind dann nebeneinander in die Doppel-leitung F_I eingeschaltet.

Soll an die auf Endstellung liegende Doppelleitung F_I eine Theilnehmerleitung angeschlossen werden, so ist H_I in der Stellung a / b zu belassen, dagegen SA aus der Klinke k$_3$ zu entfernen. Gleichzeitig ist der Stöpsel S I_I in die Klinke k A einzusetzen und dadurch die primäre Rolle des Fernsprech-übertragers I_I mit der Theilnehmerleitung a zu verbinden. Zum Zwecke vorübergehender Einschaltung des Kontrolhörers FA wird SA in k$_3$ eingesetzt. Will der Beamte einen Theilnehmer anrufen, so geschieht dies durch Einsetzen des Stöpsels SA in die Klinke k A und Niederdrücken der Taste TA.

Um eine der nur in Parallelschaltung am Schranke liegenden Doppelleitungen, etwa F_{III}, auf Endstellung zu nehmen, ist Stöpsel S_1 in k $α^1$ und Stöpsel SS_1 in k $β_1$ zu stecken, nachdem durch Rücksprache mit dem Beamten desjenigen Schrankes, an welchem F_{III} endet, die Verfügbarkeit dieser Leitung festgestellt ist, und jener Beamte an seinem Schranke den Umschalter U geöffnet bzw. eine etwaige Endstellung aufgehoben hat. In die nun mit dem Umschalter H_I verbundene Doppelleitung F_{III} wird, nachdem letzterer auf a / b gestellt ist, durch Einsetzen des Stöpsels SA in k$_3$ das Abfragesystem eingeschaltet. Behufs Verbindung von F_{III} mit einer am Schranke endenden Doppel-leitung, z. B. F_{II}, ist nach Entfernung der Stöpsel S_1 und SS_1 aus den Klinken k $α^1$ und k $β^1$ durch lose Stöpselschnüre k $β^1$ mit k a^2 und k a^1 mit k b^2 zu verbinden, ferner der Umschalter U_{II} zu öffnen. Wird nun — nach gegenseitiger Verständigung der betheiligten Beamten — in dem Schranke, in welchem F_{III} endet, der zugehörige Umschalter U geschlossen, so liegt dort die Klappe K als Brücke zwischen den Drähten der durchlaufenden Leitung F_{II} / F_{III}. Statt der Klappe K kann an dem bezeichneten Schranke natürlich auch das Abfragesystem in bekannter Weise eingeschaltet werden.

5 *

Abschnitt IV.

Stromquellen.

A. Primäre Batterien.

Beschreibung der in der Reichs-Telegraphenverwaltung gebräuchlichen Elemente.

Das **Kupferelement** von Krüger (Fig. 52). Das Element besteht aus einem cylindrischen Glasgefäss, einem gegossenen Zinkring, welcher mittels dreier Arme in dem Glase aufgehängt wird, und einer runden, dem Boden des Glases entsprechend eingewölbten Bleiplatte mit Bleistab, an dessen freiem Ende eine Polklemme befestigt ist. Zur Füllung des Elementes dient eine Lösung von 15 g Zinkvitriol in Wasser, in welche etwa 70 g Kupfervitriol in Stücken von der Grösse einer Haselnuss hineingeworfen werden.

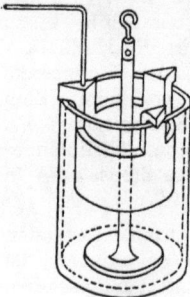

Um das Auskrystallisiren des Zinkvitriols an der Aussenwand des Glases zu verhüten, wird die obere Innenwand des Glasgefässes auf eine Höhe von 10 mm mit

Fig. 52.

weisser Oelfarbe angestrichen und zwar so, dass auch die Oberkante des Randes mit Oelfarbe bedeckt ist. Die Bleiplatte wird vor der Verwendung an ihrer oberen Fläche, den Seitenflächen, sowie am unteren Ende des Stabtheiles mit einem dünnen und gleichmässigen Anstrich von Schweinefett versehen, wodurch das Loslösen des durch den Strom erzeugten Kupferniederschlages von der Platte wesentlich erleichtert wird.

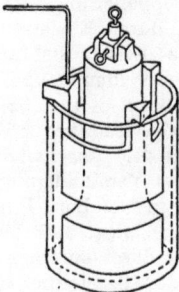

EMK des Kupferelementes etwa 1 V, innerer Widerstand durchschnittlich 5 Ω.

Das **Kohlenelement** von Leclanché (Fig. 53). Es besteht aus einem cylindrischen Glasgefäss, einem gegossenen Zink-

Fig. 53.

ring und einem Kohlencylinder mit Fuss,

Glas und Zinkring haben dieselbe Form und Grösse wie beim Kupferelement; die Kohle des Kohlencylinders ist mit Braunstein gemischt. Zur Füllung des Elementes dient eine Lösung von 20 bis 25 g Salmiak in Wasser.

Der obere Rand des Glases wird, wie beim Kupferelement, mit einem weissen Oelfarbenanstrich versehen.

EMK des Kohlenelementes etwa 1,4 V, innerer Widerstand ungefähr 0,5 Ω.

Das Gassner'sche Trockenelement. Das in Fig. 54 im Querschnitt dargestellte Element besteht aus einem cylindrischen Zinkgefäss, an dessen oberem Rande der Poldraht eingelassen ist, und aus einem cylinderförmigen Kohlenblock, welcher in der Mitte seiner oberen Fläche einen kleinen Ansatz mit schraubenförmigem Poldraht und einer Klemmschraube trägt. Die Grundfläche des Kohlenblocks ist von dem Boden des Zinkgefässes durch eine etwa 8 mm starke Paraffinschicht getrennt. Der zwischen Kohlencylinder und innerem Zinkmantel verbleibende Raum dient zur Aufnahme der trotz ihrer Festigkeit sehr porösen Füllmasse, welche in einer dünnen Schicht auch das Paraffin am Boden des Gefässes bedeckt.

Fig. 54.

Nach oben ist die Füllmasse ebenfalls durch eine Paraffinschicht abgeschlossen.

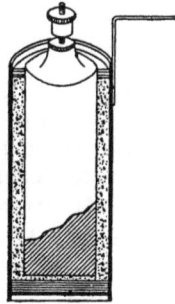

EMK des Gassner'schen Trockenelementes etwa 1,45 V, innerer Widerstand ungefähr 0,2 Ω.

Die inneren Vorgänge in den Elementen.

Für das Kupferelement Zn / Zn SO₄ / Cu SO₄ / Cu wird der Zersetzungsprocess während der Stromerzeugung dargestellt durch folgende Gleichungen:

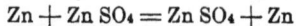

$$Zn + Zn\,SO_4 = Zn\,SO_4 + Zn$$
$$Zn + Cu\,SO_4 = Zn\,SO_4 + Cu.$$

Das Zink scheidet also aus dem Kupfersulfat das Kupfer aus und geht selbst in äquivalenter Menge in Lösung.

Im Kohlenelement Zn / NH₄ Cl / Mn O₂ bildet sich während der Stromerzeugung Chlorzinkammon. Die chemischen Gleichungen für dieses Element lauten wahrscheinlich:

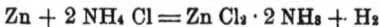

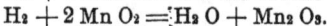

$$Zn + 2\,NH_4\,Cl = Zn\,Cl_2 \cdot 2\,NH_3 + H_2$$
$$H_2 + 2\,Mn\,O_2 = H_2\,O + Mn_2\,O_3.$$

Im Gassner'schen Trockenelement. Da die Herstellung dieses Elements Fabrikgeheimniss bildet, sind auch die

inneren Vorgänge in demselben nicht vollständig bekannt. Nach
der Patentbeschreibung wird in dem Element Eisenoxydhydrat
erzeugt dadurch, dass die mit einer Eisenchloridlösung getränkte
Kohlenelektrode mit einem in der Erregungsmasse enthaltenen
chemischen Körper, welcher chlorentziehend auf das Eisenchlorid
wirkt, in Verbindung tritt. Das Eisenoxydhydrat soll bei Gegen-
wart von Salmiak seinen ganzen Sauerstoff abgeben und dadurch eine vollständige Depolarisation bewirken.

Unterhaltung der Elemente.

Die Unterhaltung der Kupferelemente erstreckt sich
hauptsächlich auf die richtige Speisung mit Kupfervitriol, sowie
auf die Erhaltung der Füllungsflüssigkeit in der richtigen Höhe
und Beschaffenheit. Ein vollständiges Auseinandernehmen der
Elemente und eine gründliche Reinigung der Metalltheile ist nur
in grösseren Zeiträumen vorzunehmen, und zwar

bei Ruhestrom-Batterien alle 3 Monate,

bei Arbeitsstrom-Batterien alle 6 bis 12 Monate.

Bei Kohlenelementen ist ein Neuansetzen im Allgemeinen noch seltener erforderlich; auch bedarf es, da beim
Sinken des Flüssigkeitsspiegels die EMK dieses Elements sich
nicht wesentlich vermindert, des Nachgiessens von Wasser bis
zur vorgeschriebenen Höhe für gewöhnlich nur in längeren
Zwischenräumen. Salmiak oder Salmiaklösung sind überhaupt
nicht nachzufüllen.

Die Gassner'schen Trockenelemente bleiben nach
den bisherigen Erfahrungen im Mikrophonbetriebe mindestens
18 Monate, im Weckbetriebe etwa 3 Jahre ohne jede Unterhaltung wirksam. Die absolute Gebrauchsdauer der Gassner-
schen Elemente, denen die Eigenschaft der Selbstregenerirung
im hohen Grade innewohnt, ist zur Zeit noch nicht bekannt.

Schaltung der Elemente.

Bei n Elementen, von denen x hinter- und y nebeneinander
geschaltet sind, ist — wenn e die EMK und r den inneren Widerstand eines Elements, ferner R den Widerstand des Schliessungs-
kreises bezeichnet — die Stromstärke

$$I = \frac{x \cdot e}{\frac{x}{y} \cdot r + R}.$$

I wird ein Maximum, wenn $\frac{x}{y} \cdot r = R$ ist.

Bemessung der Batterien.

Die zum **Betriebe von Telegraphenleitungen** verwendeten primären Batterien bestehen ausschliesslich aus Kupferelementen. Für die Bemessung der Batteriestärken gelten folgende Grundsätze:

Bei oberirdischen Arbeitsstromleitungen mit Morse- oder Klopferbetrieb richtet sich die Stärke der Batterien nach der Grösse des Widerstandes der Leitungen, sowie der in dieselben eingeschalteten Apparate. Auf je 75 SE des Gesammtwiderstandes ist 1 Element zu rechnen; dabei ist die Gesammtzahl der Elemente auf mindestens 20 und bei einer grösseren Anzahl so zu bemessen, dass sie durch 10 theilbar ist.

Für oberirdische Hughesleitungen wird die Batteriestärke in der Weise ermittelt, dass der Gesammtwiderstand in SE durch 75 getheilt und die so erhaltene Elementenzahl um einen der Beschaffenheit der Leitung entsprechenden Procentsatz (höchstens 50%) vermehrt wird. Die Gesammtzahl ist gleichfalls derart abzurunden, dass sie durch 10 theilbar ist.

Für Kabelleitungen wird die Zahl der zu verwendenden Elemente in jedem einzelnen Falle vom Reichs-Postamte festgesetzt.

Bei Ruhestromleitungen mit Morsebetrieb sind zur Ermittelung der Batteriestärke

> für je 5 km Leitung 1 Element und
> für jeden Satz Apparate 9 Elemente

zu berechnen.

Von der hiernach sich ergebenden Elementenzahl werden zunächst für jede Endanstalt 10 Elemente bestimmt; die übrigen Elemente sind nach Verhältniss der Entfernungen auf die einzelnen Anstalten zu vertheilen. Kleinere Anstalten können unter Umständen ohne Batterie belassen werden; die entsprechende Anzahl Elemente ist alsdann auf die Nachbaranstalten zu vertheilen. Es dürfen jedoch niemals zwei benachbarte Anstalten ohne Batterie bleiben.

Im **Fernsprechbetriebe** finden sowohl Kohlenelemente, als auch Gassner'sche Trockenelemente Verwendung.

Zum Mikrophonbetriebe sind erforderlich 3 Kohlenelemente oder 2 Trockenelemente, darunter je 1 Element für die Kontrole.*)

Die Stärke der Weckbatterien wird für Sprechstellen in jedem einzelnen Falle besonders ermittelt. Im Allgemeinen sind auf den Widerstand der Apparate und der Zimmerleitung einer Stelle 5 Elemente und für 1 km Leitung 1 Element zu

---

*) Siehe S. 58 ff.

rechnen. Sofern sich hierbei eine ungerade Zahl von Elementen
ergiebt, ist die nächstfolgende gerade Zahl festzusetzen.

Für die Vermittelungsanstalten reichen als Weckbatterie
in der Regel 10 Kohlenelemente aus; bei langen Anschlussleitungen kann diese Elementenzahl auf 20 erhöht werden.

Gemeinschaftliche Batterien.

Durch eine gemeinschaftliche Batterie können betrieben
werden

> bis zu 5 oberirdische Morse- oder Klopferleitungen (so-
> wohl Arbeitsstrom-, als Ruhestromleitungen),
> bis zu 3 oberirdische Hughesleitungen,
> je 2 unterirdische Morse- oder Klopferleitungen.

Haben die Leitungen ungleichen Widerstand, so ist die
Batterie so zu bemessen, dass sie für die längste Leitung aus-
reicht; es werden dann die übrigen Leitungen an geeignete,
nach ihrem Widerstande zu berechnende Punkte dieser Batterie
angelegt.

Schaltung der Batterien.

Bei Hughesleitungen ist bei einem Amte der $+$, bei
dem anderen Amte der $-$ Batteriepol an Leitung zu legen.

In Arbeitsstromleitungen mit Morse- oder Klopferbetrieb wird in der Regel von beiden Aemtern mit dem negativen Strom gearbeitet. Beträgt jedoch die Länge der Leitungen
500 km und darüber, so empfiehlt es sich besonders wenn
polarisirte Empfangsapparate verwendet werden, die Batterien
bei einem Amte mit dem $-$ Pol, bei dem anderen mit dem
$+$ Pol an Leitung zu legen. Bei Uebertragungen in langen
Leitungen werden stets polarisirte Relais verwendet; es müssen
daher, falls die Endanstalten den $-$ Pol ihrer Batterien an
Leitung haben, die Batterien an der Uebertragungsstelle mit dem
$+$ Pol an Leitung gelegt werden.

In Ruhestromleitungen sind die Batterien so zu
schalten, dass der $+$ Pol mit demjenigen Leitungszweige verbunden wird, welcher zu der am meisten westlich gelegenen
Anstalt derselben Leitung führt.

Einige technisch wichtige Elemente, welche in der Reichs-Telegraphenverwaltung keine Verwendung finden.

Lfd. No.	Bezeichnung der Elemente	Zusammensetzung	EMK V	Innerer Widerstand Ω	Bemerkungen
1	2	3	4	5	6
1	Daniell	Cu/Cu SO$_4$—H$_2$ SO$_4$/Zn oder Zn SO$_4$/Zn	1	1	Für den Telegraphenbetrieb und elektrische Messungen geeignet; besondere Formen sind: das Pappelement von Siemens, das Meidinger'sche Element, das Element der französischen Telegraphenverwaltung von Callaud, das Krüger'sche Element u. a. m.
2	Grove	Pt/HNO$_3$—H$_2$ SO$_4$/Zn	1,8	0,7	Für Galvanoplastik, Elektrotherapie, sowie zum Betriebe kleiner Motoren geeignet.
3	Bunsen	C/HNO$_3$—H$_2$ SO$_4$/Zn	1,9	0,2	
4	Marié-Davy	C/Hg SO$_4$ oder C/Hg$_2$ SO$_4$—H$_2$ SO$_4$/Zn	1,5	5	Hg-Salze theuer, giftig und schwer löslich.
5	Warren de la Rue	Ag/Ag Cl$_2$—NH$_4$ Cl/Zn	1,04	—	Besonders geeignet für Kabelmessungen.
6	Clark	Pt Hg/Hg SO$_4$—Zn SO$_4$/Zn	1,434—0,001 (t—15⁰)	—	Normalelement.

Die in Spalte 4 und 5 der vorstehenden Tabelle eingetragenen Zahlen sind für die unter 1—5 aufgeführten Elemente nur als Durchschnittswerthe anzusehen.

B. Sammler.

Allgemeines.

Die Sammler eignen sich wegen ihres geringen inneren Widerstandes und ihrer gleichbleibenden EMK vorzüglich zu gemeinschaftlichen Batterien für Telegraphenleitungen. Es werden nur Arbeitsstromleitungen aus Sammlerbatterien gespeist.

Neuerdings finden Sammler auch im Fernsprechbetriebe versuchsweise Verwendung.

Beschreibung der Sammlerzelle für den Telegraphenbetrieb.

Die in Fig. 55 abgebildete Sammlerzelle (Konstruktion Boese) besteht aus 3 Elektrodenplatten, einer positiven und zwei negativen. Die aktive Masse der Platten stellt ein Gemisch von Bleioxyd mit in Alkohol gelösten Theerdestillationsrückständen dar. Jede Platte hat am oberen Ende 2 seit-liche Vorsprünge, sowie ein Ansatzstück zur Verbindung mit den Nachbarzellen bzw. als Polende zur Entnahme oder Zuführung des Stromes.

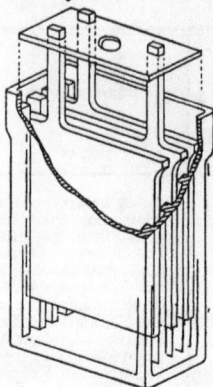

Zur Aufnahme der Platten dient ein viereckiges, aus gepresstem Glase herge-stelltes und im Innern mit Nuthen ver-sehenes Gefäss, in dessen oberem erwei-tertem Theile sich die Auflager für die seitlichen Vorsprünge der Platten befinden.

Die Zelle wird mit verdünnter Schwefel-säure vom specifischen Gewicht 1,162 oder 20° Beaumé bei 15° C. soweit gefüllt, dass die Flüssigkeit etwa 5 mm über der Ober-kante der Platten steht, und darauf durch einen gläsernen Deckel mit Oeffnungen für die Polenden der Elektroden, sowie einer Oeffnung zum Nach-füllen der Flüssigkeit verschlossen.

Fig. 55.

Zur Verbindung benachbarter Zellen dienen Bleistreifen, mit denen die Ansatzstücke der Platten verschmolzen werden.

Kapacität des Sammlers 15 AS bei 1 A Lade- und Entlade-strom, innerer Widerstand 0,05—0,06 Ω.

Innere Vorgänge in den Sammlern.

Beim Laden der Sammler verwandelt sich das Bleioxyd PbO an der positiven Platte in PbO_2 und an den negativen Platten in Pb; beim Entladen wird an der positiven Platte PbO_2 zu PbO reducirt, während an den negativen Platten sich $PbSO_4$ bildet nach folgenden Gleichungen:

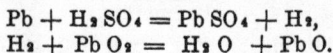

$$Pb + H_2SO_4 = PbSO_4 + H_2,$$
$$H_2 + PbO_2 = H_2O + PbO.$$

Bemessung der Sammlerbatterien.

Bei grossen Aemtern werden Batterien von 80 Zellen, bei kleineren Aemtern Batterien von 40 Zellen aufgestellt. Je nach Art und Zahl der vorhandenen Leitungen braucht man eine Batterie mit dem + und eine mit dem — Pol an Leitung oder nur eine dieser beiden Batterien.

Je 10 Zellen bilden eine Gruppe. Für jede Sammlerbatterie werden dauernd 5 Zellen in Vorrath gehalten.

Laden der Sammler.

Zum Laden der Sammler werden ausschliesslich Kupferelemente verwendet. Bei Batterien von 80 Zellen werden diese
Elemente den Sammlern für gewöhnlich in 2 Stromkreisen, bei
Batterien von 40 Zellen in einem einzigen Stromkreise gegen-
geschaltet.

Die Stärke der Ladebatterie richtet sich nach der Beanspruchung der Sammler, also im Allgemeinen nach der Zahl der
zu betreibenden Leitungen. Beträgt diese z. B. 60, so muss die
Ladebatterie $60 \cdot 0,002$ A (für jede zu speisende Leitung 0,002 A)
oder 0,12 A hergeben: Dieser Strom wird erzeugt durch Parallel-
schalten zweier Reihen von je 120 Kupferelementen. Zieht man
nämlich die EMK eines Sammlers mit 2 V, diejenige eines
Kupferelements mit 1 V und den inneren Widerstand des letzteren mit 5 Ω in Rechnung, so beträgt die wirksame Spannung
in dem Ladestromkreise $120 - 40 \cdot 2 = 40$ V, und der Gesammtwiderstand $\dfrac{120 \cdot 5}{2} = 300 \, \Omega$. Der geringe Widerstand der Sammler
kann bei dieser Berechnung ausser Betracht gelassen werden.
Die Stromstärke ist demnach $\dfrac{40}{300} = 0,133$ A, etwas grösser als
gefordert.

Die durch Rechnung gefundenen Zahlen sind jedoch nur
Näherungswerthe. Auf Grund der zu sammelnden Erfahrungen
ist die Stärke der Ladebatterie so zu bemessen, dass für die am
meisten beanspruchten Gruppen die obere Spannungsgrenze von
23 V mindestens dreimal im Jahre erreicht wird.

Ist die Beanspruchung der einzelnen Gruppen eine so verschiedene, dass beim Laden derselben in der beschriebenen
Weise die Spannung der weniger beanspruchten Gruppen über
die zulässige Grenze von 23 V bereits hinausgeht, während noch
einzelne der übrigen Gruppen eine Spannung von nur 19 V
aufweisen, so müssen die Sammlerbatterien gruppenweise geladen
werden. Die Ladebatterie ist dann so zu bemessen, dass sie
bei abwechselnder Schaltung auf die einzelnen Gruppen nicht
dauernd geschlossen zu sein braucht, sondern nur etwa $^1/_2$ bis $^3/_4$
der Zeit eines Jahres in Thätigkeit tritt.

Sicherheitsvorkehrungen.

Um zu verhüten, dass bei etwa eintretendem Kurz- oder
Erdschluss in den Leitungen nahe bei der Sammlerbatterie die
Ladung der letzteren in kurzer Zeit erschöpft wird, oder durch Er-
hitzung in Folge Stromüberganges Feuersgefahr entsteht, werden
an den einzelnen Abzweigeschienen in die hier abführenden

Leitungen Sicherheitswiderstände *) (aufgespulte Drähte oder Glühlampen) eingeschaltet, welche für je 1 V Spannung des Abzweigungspunktes 1 Ω Widerstand enthalten. Der Strom kann also niemals 1 A überschreiten.

Ausserdem wird in die Erdleitung ein Relais mit geringem Widerstande (höchstens 0,5 Ω) eingeschaltet und derart eingestellt, dass es bei einer Stromstärke von 1 A noch sicher anspricht und dabei einen Wecker in Thätigkeit setzt, welcher durch anhaltendes Klingeln auf die unzulässig hohe Beanspruchung der Sammler aufmerksam macht.

Stromlaufskizzen.

In Fig. 56 ist die Schaltung einer Sammlerbatterie von 80 Zellen mit ihren Abzweigungen, der Vorrathsbatterie, der Ladebatterie und den Hilfsapparaten, in Fig. 57 die entsprechende Schaltung zweier Batterien von je 40 Zellen bei Verwendung einer für beide gemeinschaftlichen Ladebatterie dargestellt und erläutert.

Von den Abzweigklemmen gehen isolirte Drähte zu den horizontalen Schienen der Batterieumschalter. An jede dieser Schienen können gelegt werden

beim Morse- u. Klopferbetriebe bis zu 10 Luft- oder 5 Kabelleitungen,
   › Hughesbetriebe . . . . › › 5 › › 3   ›   .

Prüfung der Sammler- und Ladebatterien.

Die Sammler- und Ladebatterien werden fortgesetzt geprüft. Von den zu diesem Zweck erforderlichen Messinstrumenten bleiben Ampèremeter und Galvanoskop beständig im Stromkreise eingeschaltet, das Voltmeter dagegen wird nur für die Dauer der Messungen mit den Polen der Sammlerbatterie in Verbindung gebracht.

Um das Voltmeter, welches an und für sich nur einen Messbereich von 10 bis 25 V hat, also nur zur direkten Ablesung der Spannung von 10 Zellen genügt, auch zum Messen der doppelten, dreifachen u. s. w. Anzahl von Zellen verwenden zu können, sind zwischen den Klemmen K_1, K_2 . . . . (Fig. 56 und 57) Drahtrollen eingeschaltet, welche je den gleichen Widerstand wie die Umwindungen des Voltmeters haben.

Die Prüfung der Sammler erfolgt zweimal täglich: Morgens wird die Klemmspannung der ganzen und der halben Batterie,

---

*) Siehe Seite 86.

Abends die Klemmspannung der einzelnen Gruppen gemessen.
Hierbei ist jedesmal auch die Stärke des Ladestroms am Ampèremeter abzulesen und zu vermerken.

Vortheile des Sammlerbetriebes in wirthschaftlicher Beziehung.

Dass der Betrieb der Telegraphenleitungen mit Sammlern auch
in wirthschaftlicher Beziehung grosse Vortheile bietet gegenüber
dem Betriebe dieser Leitungen mit primären Batterien, geht aus
folgender, dem ›Archiv für Post und Telegraphie‹ (Jahrgang 1893)
entnommenen Zusammenstellung hervor:

Es betragen für ein Amt mit einem jährlichen Verbrauch
an Elektricität von

beim Betriebe mit	100 Kilowattstunden (etwa 150 Leitungen) die Kosten		50 Kilowattstunden (etwa 75 Leitungen) die Kosten	
	der ersten An- schaffung ℳ.	des Betriebes jährlich ℳ.	der ersten An- schaffung ℳ.	des Betriebes jährlich ℳ.
Kupferelementen . .	8 200	4 200	4 100	2 100
Sammlern, geladen durch Kupferelemente	3 600	2 100	3 000	1 050

Für die einzelnen Leitungen berechnen sich hieraus die
täglichen Stromkosten, je nach der Betriebsart der Stromquelle,
auf 7,6 und 3,8 Pf.

Einige technisch wichtige Sammler, welche in der Reichs- Telegraphenverwaltung keine Verwendung finden.

Sammler von Tudor. Es besteht aus massiven Bleiplatten
mit gerippter oder mit Zähnen besetzter Oberfläche, welche mit
der aktiven Masse bestrichen sind. Die positiven Platten werden
vorher längere Zeit auf elektrochemischem Wege formirt.

Sammler von Huber. Als Platten dienen aus Hartblei ge-
gossene Gitter mit engen Maschen; in letzteren sitzen gelochte
Pfropfen aktiver Masse.

Sammler von Correns. Die Platten werden gebildet durch
je 2 gegen einander versetzte und mittels zahlreicher Stege verbundene Bleigitter mit rechtwinkligen, nach aussen sich ver-
engenden Maschen. Die Hohlräume der Platten werden durch
die aktive Masse ausgefüllt.

Sammler von Gottfried Hagen. Die Platten bestehen aus
je 2 Bleigittern, die durch zahlreiche Stege mit einander ver-

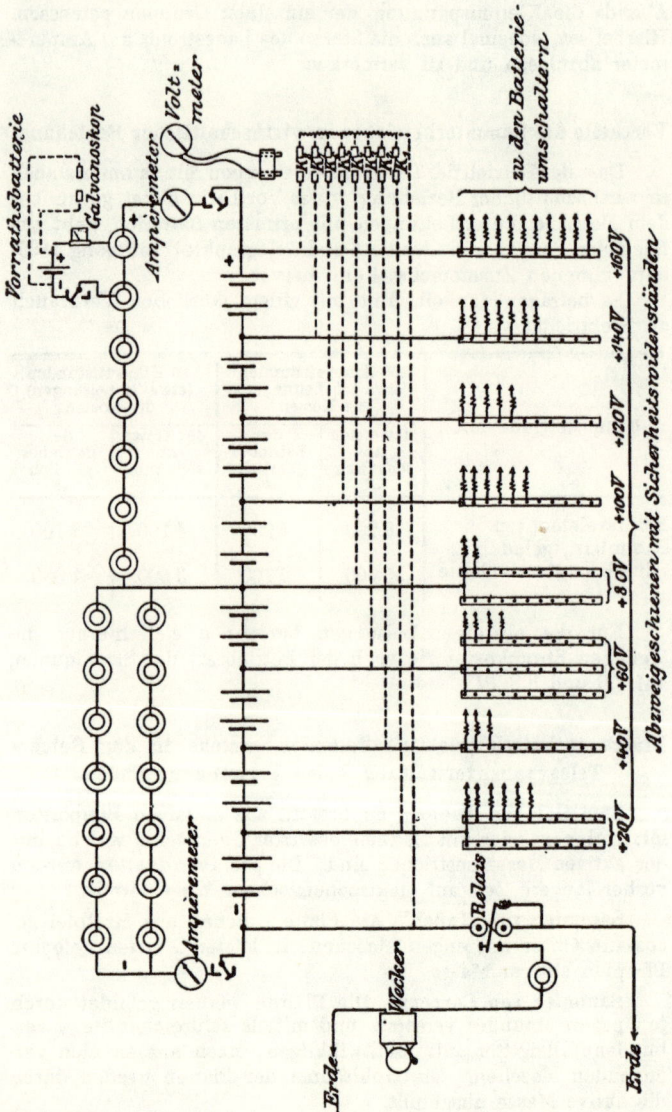

Fig. 56.

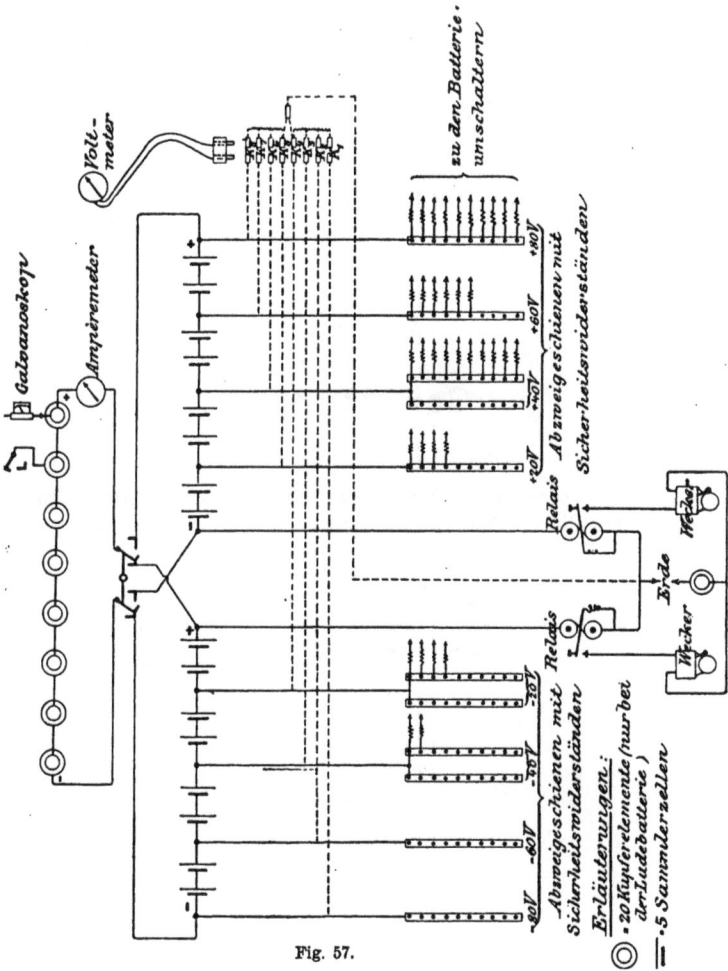

Fig. 57.

bunden, aber — im Gegensatz zu den Correns'schen Platten — nicht gegen einander versetzt sind.

Sammler von Schoop. Dieser Sammler unterscheidet sich von den vorher beschriebenen besonders dadurch, dass er als Elektrolyt eine gallertartige Masse enthält.

Abschnitt V.

Schaltungen.

———

Die wichtigsten der in der Reichs-Telegraphenverwaltung gebräuchlichen Schaltungen sind auf Tafel II und III dargestellt und erläutert.

Schaltungen für den Mehrfachbetrieb (Gegensprechen, Doppelsprechen u. s. w.) finden in der Reichs-Telegraphie z. Zt. nur in vereinzelten Fällen Anwendung. Von ihrer Beschreibung wird daher an dieser Stelle abgesehen.

———

Abschnitt VI.
Messkunde.

A. Messinstrumente.

In Anbetracht der verschiedenen Bauart der zu den telegraphentechnischen Messungen verwendeten Instrumente soll im Folgenden lediglich das Princip dieser Instrumente erläutert werden.

Tangentenbussole. Die Einrichtung der Tangentenbussole ist aus Fig. 58 ersichtlich. I stellt einen kreisförmig gebogenen Stromleiter, M eine im Mittelpunkte des Kreises befindliche Magnetnadel dar. An den Klemmen K_1 und K_2 werden die Zuführungsdrähte angelegt. Schickt man durch den Leiter I einen Strom i, so wird die Nadel abgelenkt. Aus der Grösse der Ablenkung lässt sich die Stärke des Stromes, wie folgt, berechnen: Nach Seite 4 ist die Wirkung des Stromes i auf die Magnetnadel

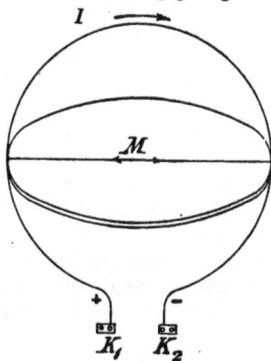

Fig. 58.

$$= ds \cdot \frac{i \cdot \mathfrak{M}}{r^2} \cdot \sin \alpha$$

oder, da $ds = 2r\pi$ und $\sin \alpha = 1$ zu setzen ist,

$$= 2\,r\,\pi \cdot \frac{i \cdot \mathfrak{M}}{r^2}$$

$$= 2\,\pi \cdot \frac{i \cdot \mathfrak{M}}{r}.$$

Ist die Nadel um den Winkel φ aus der Ebene des Kreisstromes abgelenkt, so erhält dieser Werth folgende Form:

$$= 2\,\pi \cdot \frac{i \cdot \mathfrak{M}}{r} \cdot \cos \varphi.$$

Der Einfluss, welchen der Erdmagnetismus $\mathfrak{h}$ bei einer solchen Ablenkung auf die Nadel ausübt, ist nach Seite 2

$$= \mathfrak{h} \cdot \mathfrak{M} \cdot \sin \varphi.$$

Es ergiebt sich hiernach für die Tangentenbussole folgende Gleichung:

$$2 \pi \cdot \frac{i \cdot \mathfrak{M}}{r} \cdot \cos \varphi = \mathfrak{h} \cdot \mathfrak{M} \cdot \sin \varphi,$$

woraus folgt

$$i = \frac{r \cdot \mathfrak{h}}{2 \pi} \cdot \operatorname{tg} \varphi.$$

Ist der Durchmesser des Stromreifens und die horizontale Stärke des Erdmagnetismus bekannt, so kann man aus dem beobachteten Nadelausschlage die Stromstärke in Ampère unmittelbar berechnen.

Die Länge der Nadel darf nur gering sein gegen den Durchmesser des Reifens. Das günstigste Messergebniss erhält man bei Ausschlägen zwischen 20^0 und 70^0.

Sinusbussole. Die Sinusbussole unterscheidet sich von der Tangentenbussole nur dadurch, dass ihre Drahtumwindungen um eine vertikale Axe, welche mit der Drehaxe der Magnetnadel zusammenfällt, drehbar sind, und dass am Instrument noch eine Gradeintheilung sich befindet, welche die Grösse des Drehungswinkels der Umwindungen erkennen lässt. Die Sinusbussole wird so aufgestellt, dass die Drahtumwindungen sich in der Ebene des magnetischen Meridians befinden. Sobald der zu messende Strom die Magnetnadel ablenkt, dreht man die Umwindungen der letzteren nach, und zwar solange, bis sie wieder parallel zur Nadel stehen. Es ist in diesem Falle das Drehungsmoment der stromdurchflossenen Umwindungen auf die Nadel gleich dem Drehungsmomente des Erdmagnetismus, d. h.

$$g \cdot \mathfrak{M} \cdot i = \mathfrak{M} \cdot \mathfrak{h} \cdot \sin \varphi,$$

wobei g den durch die Aichung zu bestimmenden Reduktionsfaktor für das Instrument und φ den Drehungswinkel der Umwindungen bezeichnet.

Hieraus ergiebt sich

$$i = \frac{\mathfrak{h}}{g} \sin \varphi.$$

Torsionsgalvanometer. Bei dem Torsionsgalvanometer wird die Magnetnadel nach erfolgter Ablenkung mittels einer Torsionsfeder in ihre ursprüngliche Lage zurückgedreht. Es ist demnach das dem Drehungswinkel φ proportionale Drehungsmoment der

Feder gleich dem Drehungsmoment der stromdurchflossenen Umwindungen, d. h.

$$c \cdot \varphi = g \cdot \mathfrak{M} \cdot i$$

und

$$i = \frac{c}{g \cdot \mathfrak{M}} \, \varphi.$$

Spiegelgalvanometer. Das Spiegelgalvanometer dient zur genauen Messung kleiner Ausschläge; für diese ist die Tangente des Ablenkungswinkels der Stromstärke proportional.

Bezeichnet

A den Abstand zwischen Spiegel und Skala,

n den an der Skala beobachteten Nadelausschlag nach einer Seite und

φ den Drehungswinkel des Spiegels,

so ist

$$\text{tg} \, 2 \, \varphi = \frac{n}{A}$$

mithin

$$\text{tg} \, \varphi = \frac{n}{2 \, A} \left[1 - \left(\frac{n}{2 \, A} \right)^{2} \right] = i$$

oder

$$i = g \, n \cdot \left[1 - \left(\frac{n}{2 \, A} \right)^{2} \right]$$

$$= g \, n - \frac{g \, n^{3}}{4 \, A^{2}},$$

wobei g ausser der horizontalen Stärke des Erdmagnetismus auch den Abstand A enthält. Letzterer beträgt bei den Messsystemen der Telegraphenämter gewöhnlich 1,50 m.

Differentialgalvanometer. Das in Fig. 59 schematisch dargestellte Differentialgalvanometer besteht im Wesentlichen aus 2 auf einer gemeinsamen Grundplatte neben einander angeordneten Spulen, auf welche 2 isolirte Kupferdrähte bifilar gewickelt sind derart, dass der eine Draht fast genau dieselbe Lage auf der Spule einnimmt, wie der andere. Beide Drähte haben nicht nur gleiche Windungszahl, sondern auch gleichen Widerstand. Schickt man also durch sie 2 Ströme in entgegengesetzter Richtung, so muss die zwischen den beiden Drahtumwindungen befindliche Magnetnadel in ihrer Ruhelage verbleiben, wenn die Ströme gleiche Stärke haben, andernfalls wird die Nadel abgelenkt werden, und zwar um einen Winkel, welcher der Differenz der Stromstärken entspricht.

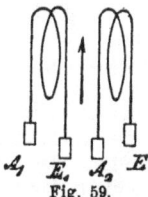

Fig. 59.

Soll das Differentialgalvanometer als gewöhnliches Galvanometer verwendet werden, so sind die Klemmen E_1 und A_2 durch einen Draht zu verbinden und A_1 und E_2 zum Anlegen der Zuführungsdrähte zu benutzen.

Universalgalvanometer von Siemens. Das Instrument stellt eine praktische Ausführung der Wheatstone'schen Brücke dar.

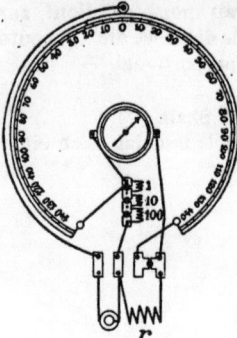

Seine Einrichtung ist aus den Figuren 60 und 60a ersichtlich. Auf dem in Bogengrade eingetheilten Umfange der kreisförmigen Schieferplatte ist ein Platindraht gespannt. Die Mitte des Drahtes entspricht der 0 der Theilung; nach jeder Seite sind 150° abgetragen.

Beim Gebrauch des Instrumentes schaltet man im Rheostaten w denjenigen Widerstand (1, 10 oder 100 SE) ein, welcher dem zu bestimmenden Widerstande am nächsten liegt, verschiebt darauf den Schleifkontakt solange, bis die Nadel auf 0 zeigt, und liest an der Gradeintheilung den Drehungswinkel ab. Ist letzterer α, so verhält sich

Fig. 60.

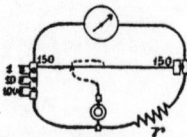

Fig 60a.

$$\frac{r}{w} = \frac{150 + \alpha}{150 - \alpha} \text{ bzw. } \frac{150 - \alpha}{150 + \alpha}.$$

Man erhält also r sofort in SE ausgedrückt.

Induktionsmessbrücke. Die in dem Gehäuse eines Dosen-Fernhörers untergebrachte Induktionsmessbrücke ist nach dem Wheatstone'schen Princip eingerichtet. Die Zweige a und b (Fig. 2) bildet ein kreisförmig gebogener, kalibrirter Draht, auf dem ein Schleifkontakt angebracht ist. Als Vergleichswiderstand dient eine Drahtrolle von 1 SE Widerstand; in den einen Diagonalzweigen sind die Rollen des Dosen-Fernhörers, in den anderen die Vorrichtungen zur Erzeugung des Wechselstromes eingeschaltet. Auf der Rückseite des Fernhörers befindet sich eine mit einer Theilung versehene drehbare Scheibe. Durch Drehen der letzteren wird der Schleifkontakt verschoben, und dadurch das Widerstandsverhältniss zwischen a und b geändert.

Ampèremeter (Strommesser). Das Instrument besitzt eine empirische Skala und liefert, namentlich für Messungen in der Nähe des Nullpunktes, unzuverlässige Ergebnisse. Seine Bauart ist sehr verschieden; eine der bekanntesten Formen ist folgende: Unter einem aus feinem Draht oder dünnwandigem

Blech zusammengesetzten Eisenkörper, welcher an einer Spiral-
feder aufgehängt ist, befindet sich eine Spule aus wenigen Windungen starken Kupferdrahtes. Wird die Spule vom Strom
durchflossen, so zieht sie den Eisenkörper hinab, und zwar um
so tiefer, je stärker der Strom ist. Die Bewegung des Eisen-
körpers hat eine Verschiebung des Zeigers zur Folge.

Voltmeter (Spannungsmesser). Das Voltmeter beruht auf
demselben Princip wie das Ampèremeter; die Stromspule wird
jedoch aus zahlreichen Umwindungen dünnen Kupferdrahtes
hergestellt.

Dynamometer. Das zu telegraphentechnischen Messungen gewöhnlich gebrauchte Dynamometer besteht aus 2, mit den Axen
senkrecht zu einander stehenden Spulen, welche von dem zu
messenden Strome hinter einander durchflossen werden. Die
eine Spule ist fest, die andere drehbar. Letztere sucht sich bei
der Messung zur ersteren parallel zu stellen, so dass in beiden
Spulen der Strom im gleichen Sinne kreist.

Die Grösse der Ablenkung der beweglichen Spule aus ihrer
ursprünglichen Lage giebt ein Maass für die zu messende Stromstärke.

Quadrantelektrometer. Dieses in Fig. 61 schematisch dargestellte Instrument besteht aus 4 isolirten Quadranten, von
denen je 2 gegenüberliegende lei-
tend verbunden sind. Zwischen den
Quadranten schwebt eine leichte
8-förmige Nadel; dieselbe wird mittels einer Leydener Flasche auf
ein hohes Potential gebracht, während ein Quadrantenpaar mit dem
zu untersuchenden Körper, das andere mit Erde verbunden wird.

Die mittels Spiegel und Skala
zu beobachtende Ablenkung der

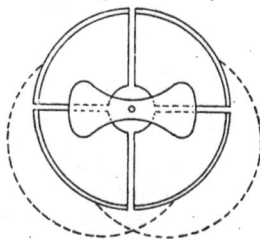
Fig. 61.

Nadel lässt auf die Grösse des zu messenden Potentials
schliessen.

Voltameter. Knallgasvoltameter. In ein kalibrirtes
mit verdünnter Schwefelsäure vom specifischen Gewicht 1,14
gefülltes Rohr führen 2 Platinelektroden. Beim Durchgange des
Stromes entwickelt sich Knallgas. Die Zahl der in 1 Sekunde
ausgeschiedenen Kubikcentimeter Knallgas ist mit 5 zu multipliciren, um die Stromstärke in Ampère zu erhalten.

Silbervoltameter. Es besteht aus einem Platintiegel,
der auf einer Kupferplatte steht und mit einer Silberlösung
(1 Theil salpetersaures Silber auf 5 Theile Wasser) gefüllt ist. In
den Tiegel taucht von oben eine am unteren Ende mit einem
Mullläppchen umwickelte Silberstange. Der Platintiegel bildet

die Kathode, die Silberstange die Anode. Beim Durchgange des Stromes durch die Silberlösung wird an der Kathode Silber ausgeschieden, aus dessen Menge sich nach dem Faraday'schen Gesetz die mittlere Stromstärke i berechnen lässt.

Kupfervoltameter. Das Instrument beruht auf demselben Princip wie das Silbervoltameter. Als Anode verwendet man gewöhnlich 2 Bleche aus elektrolytisch gefälltem Kupfer, als Kathode 1 Platinblech; als Flüssigkeit dient eine nicht zu koncentrirte Kupfervitriollösung.

B. Künstliche Widerstände.

Graphitwiderstände. Sie bestehen aus Graphitpulver, das in feine Glasröhren fest eingestopft ist, und werden angefertigt in der Grösse von 500, 1000, 1500, 2000 und 2500 SE. Graphitwiderstände sind zwar von Temperaturschwankungen wenig abhängig, verändern sich aber mit der Zeit und wenn sie Erschütterungen ausgesetzt sind, erheblich.

Widerstände aus Manganindraht. Diese Widerstände sind ähnlich konstruirt, wie die Graphitwiderstände, jedoch wegen ihrer grösseren Beständigkeit den letzteren vorzuziehen.

Rheostaten. Als Rheostaten bezeichnet man Neusilberdrahtrollen von verschiedenem Widerstandswerthe, welche aufrecht stehend in einem Holzkasten mit Ebonitdeckplatte untergebracht sind. Je nachdem die Einschaltung der Rollen mittels Stöpsels oder Kurbel erfolgt, unterscheidet man Stöpsel- und Kurbelrheostaten. Letztere verbinden mit grösserer Bequemlichkeit in der Handhabung erhöhte Sicherheit gegen Uebergangswiderstände an den Kontaktstellen.

Die als »Nebenschluss (Shunt)« bezeichneten Widerstände sind ebenso hergestellt wie die Stöpselrheostaten; zu den Widerstandsrollen verwendet man jedoch Kupfer- statt Neusilberdraht.

Aufgespulte Drähte.*) Als Widerstandsdraht gelangt für diesen Zweck vorzugsweise zur Verwendung: Neusilber-, Rheotan-, Nickelin- und Kruppindraht. Die Drähte werden bifilar, und zwar meist in einer einzigen Lage auf Messingröhren gewickelt, welche letztere mit seidenem Band umgeben sind.

Glühlampen.*) Sie werden in Widerständen von 10 bis 160 Ω geliefert und ausschliesslich als Sicherheitswiderstände beim Sammlerbetriebe verwendet. Die Lampen müssen 1 A mit Sicherheit ertragen, ohne in helle Gluth zu gerathen.

---

*) Siehe Seite 76.

C. Aichung.

Die Aichung der Messinstrumente bezweckt die Ermittelung des Faktors g, mit welchem die berechnete Funktion des Winkels oder der Winkel selbst zu multipliciren ist, um die Stromstärke in Ampère zu erhalten Die Aichung ist also erforderlich bei allen Galvanometern, bei welchen die zu messende Stromstärke nicht unmittelbar aus dem beobachteten Ausschlage in Ampère berechnet werden kann, wie dies nach Seite 82 bei der Tangentenbussole u. U. der Fall ist.

Die einfachste Methode zur Aichung ist folgende: Das zu aichende Instrument, ein Voltameter und eine geeignete Stromquelle werden hinter einander geschaltet. Der Stromkreis wird geschlossen und das zu aichende Instrument in regelmässigen Zeiträumen beobachtet. Sobald die im Voltameter zersetzte oder ausgeschiedene Menge eine geeignete, messbare Grösse erreicht hat, öffnet man den Stromkreis wieder. Die mittlere Stromstärke I entspricht dann dem mittleren Nadelausschlage n. Letzterer ist gleich dem Mittel der in den regelmässigen Zeiträumen beobachteten Ausschläge Zur Bestimmung des Faktors g dient die Formel

$$g = \frac{I}{n}.$$

Hat man eine Stromquelle von bekannter EMK, so kann man das Voltameter zur Aichung entbehren; schaltet man nämlich in den, aus dieser Stromquelle und dem zu aichenden Instrument gebildeten Stromkreis einen bekannten Widerstand ein, so lässt sich die Stromstärke nach dem Ohm'schen Gesetze berechnen und auf diese Weise g unmittelbar bestimmen. Diese letztere Methode liefert jedoch weniger zuverlässige Ergebnisse.

D. Graduirung.

Die Graduirung dient zur Ermittelung des Zusammenhanges zwischen Nadelausschlag und Stromstärke bei allen Galvanometern, bei denen die Abhängigkeit dieser Grössen von einander nicht bekannt ist.

Am bequemsten erfolgt die Graduirung durch Vergleichung des zu graduirenden Instruments mit einem bekannten Instrumente. Die Vergleichung ist im verzweigten Stromkreise auszuführen, wenn die Instrumente von sehr ungleicher Empfindlichkeit oder die Widerstände derselben für Hintereinanderschaltung zu gross sind.

E. Technische Messungen.

a) Messungen an oberirdischen Leitungen.

Die oberirdischen Telegraphenleitungen I. und II. Klasse und diejenigen Fernsprech-Verbindungsleitungen, deren Linienlänge 300 km und darüber beträgt, werden in regelmässiger Zeitfolge hinsichtlich ihres Isolations- und Leitungswiderstandes gemessen, und zwar

die Telegraphenleitungen I. Klasse, mit Ausnahme der dem beiderseitigen engeren Grenzverkehr dienenden kürzeren Leitungen, monatlich einmal (Sonntag Vormittags);

die Telegraphenleitungen II. Klasse, sowie die bezeichneten Grenzleitungen halbjährlich einmal (Sonntags);

die Fernsprech-Verbindungsleitungen jährlich einmal.

Zu den Messungen ist erforderlich: ein Differentialgalvanometer, ein Nebenschluss, dessen Widerstandsrollen $1/9$, $1/99$ und $1/999$ des Widerstandes der einen Umwindung des Galvanometers betragen, ein Rheostat und eine Batterie von 10 Kupferelementen, die jedoch bei Messung von Widerständen von mehr als 10^6 SE entsprechend verstärkt werden kann, ferner eine Taste und ein Stromwender. Die Schaltung dieser Apparate ergiebt sich aus Fig. 62. Die zu den Messungen benutzte Erdleitung darf nicht

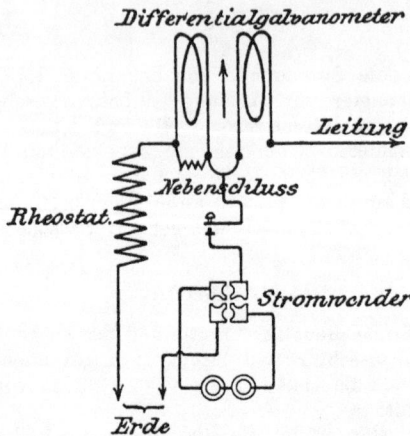

Fig. 62.

mit den Erdleitungen für die Telegraphenapparate und Blitz-ableiter in Verbindung stehen.

Vor Einschaltung der Batterie ist der Widerstand des Rheostaten dem nach früheren Messungen zu erwartenden Wider-

stande gleich zu machen. Durch kurzen Tastendruck ist darauf
die Richtung des Nadelausschlages festzustellen und der Rheostatenwiderstand entsprechend zu ändern. Demnächst ist durch
nochmaligen kurzen Tastendruck zu prüfen, ob noch ein weiteres
Ein- oder Ausschalten von Widerstandsrollen nothwendig ist.
Weicht die Nadel des Galvanometers nur noch wenige Grade
vom Nullpunkt ab, so kann zur genauen Abgleichung des Widerstandes dauernd Taste gedrückt werden. Sobald die Nadel auf
Null gebracht ist, wird die Batterie auf einige Minuten ausgeschaltet und dann erst, nachdem bei wiederholtem Tastendruck
der Rheostatenwiderstand erforderlichen Falls nochmals regulirt
worden ist, der Werth des letzteren abgelesen.

Zur Kontrole des bei Ermittelung des Leitungswiderstandes
gewonnenen Ergebnisses findet bei denjenigen Leitungen, deren
Endpunkt nicht im Auslande liegt, noch eine zweite Messung
statt, wobei am Ende der Leitung ein Widerstand, dessen Werth
etwas grösser als der ermittelte Leitungswiderstand zu wählen
ist, eingeschaltet wird.

b) Messungen an Kabelleitungen.

Allgemeines.

Zu den im Folgenden beschriebenen Messungen sind an
Apparaten erforderlich:

ein astatisches Spiegelgalvanometer mit Lampe und Skala,
ein Nebenschluss mit 4 Widerstandsrollen von $1/9$, $1/99$, $1/999$
und $1/9999$ des Galvanometerwiderstandes,
ein Glimmer-Kondensator,
eine Sabine'sche Entladungstaste oder eine Doppeltaste,
eine Batterie von 100 Kupferelementen,
ein Batteriewähler und
mehrere Rheostaten und Umschalter.
Die Aufstellung und Verbindung der genannten Apparate
bei den Messämtern ergiebt sich aus Tafel IV.

Die Stärke der Messbatterie beträgt bei Ermittelung des Leitungswiderstandes und der Kapacität gewöhnlich 10, bei Isolationsmessungen 100 Elemente.

Bei den Messungen zur Fehlerortsbestimmung, wo Kupferelemente nicht zur Verfügung stehen, werden als Messbatterie
18 in einem gemeinschaftlichen Kasten untergebrachte, wasser-
dicht verschlossene Kohlenelemente verwendet; dieselben werden
für die Isolationsmessungen sämmtlich hinter einander, für die
Kupfermessungen meist in 3 Reihen neben einander geschaltet.

Die bei den Messungen benutzte Erdleitung darf mit den Erdleitungen für die Telegraphenapparate und Blitzableiter nicht in Verbindung stehen.

Während der Messungen des Leitungswiderstandes sind diejenigen Adern, welche nicht gemessen werden, isolirt zu halten, während der Isolations- und Kapacitätsmessungen dagegen an Erde zu legen.

Messungen bei Abnahme der Kabel in der Fabrik.

Vor Beginn der Messungen muss die äussere Hülle des Kabels mit der Erde in gut leitende Verbindung gebracht werden. Zu diesem Zweck sind Guttaperchakabel mindestens 24 Stunden vorher in einen mit Wasser gefüllten Bottich zu versenken; bei Faserstoff- und Papierkabeln genügt es, den Bleimantel durch einen Kupferdraht an Erde zu legen.

Leitungswiderstand. Die Ermittelung des Leitungswiderstandes geschieht mit Hilfe der Wheatstone'schen Brücke; aus dem gemessenen Widerstande ϱ wird der Leitungswiderstand r für 1 km bei + 15° C. berechnet nach der Formel

$$r = \frac{\varrho \cdot c}{L},$$

worin c den Reduktionsfaktor und L die Länge der Leitung in Kilometern bedeutet.

Isolationswiderstand. Die zu prüfenden Adern werden nach einander unter Einschaltung des mit passendem Zweigwiderstand $\frac{1}{z}$ versehenen Galvanometers mit der Batterie verbunden, deren zweiter Pol an Erde liegt. Die hierbei, und zwar 1 Minute nach dem Eintritt des Stromes in die Adern, beobachteten Ablenkungen seien n.

Vor diesen Messungen und nach Beendigung derselben wird die Konstante bestimmt, indem die Messbatterie durch einen grossen Widerstand W und das mit einem Zweigwiderstand $\frac{1}{Z}$ versehene Galvanometer geschlossen und nach 1 Minute die Ablenkung der Nadel vermerkt wird. Das der Rechnung zu Grunde zu legende Mittel aus beiden Konstantenbestimmungen sei N.

Für den gesuchten Isolationswiderstand w, bezogen auf 1 km und + 15° C., ergiebt sich hiernach folgender Werth

$$w = \frac{Z+1}{z+1} \cdot \frac{N}{n} \gamma \cdot L \cdot W,$$

worin γ den Faktor für die Umrechnung auf die Normaltemperatur und L die Länge des Kabels in Kilometern bedeutet.

γ kann für Guttaperchakabel aus der Tabelle auf Seite 93/94 entnommen oder interpolirt werden.

Kapacität. Die zu prüfenden Adern werden nacheinander durch die Messbatterie 1 Minute lang geladen und darauf mittels der Entladungs- oder Doppeltaste entladen. Die hierbei am Galvanometer mit dem Zweigwiderstand $\frac{1}{z}$ beobachteten Ablenkungen seien n

Vor diesen Messungen und nach Beendigung derselben wird die Konstante bestimmt d. h. ein Kondensator von bekannter Kapacität C (¹/₂ bis 1 Mikrofarad) durch die Messbatterie 1 Minute lang geladen und dann entladen. Das der Rechnung zu Grunde zu legende Mittel aus beiden Konstantenbestimmungen sei N, der benutzte Zweigwiderstand $\frac{1}{Z}$.

Die gesuchte Kapacität c für 1 km ist dann

$$c = \frac{z+1}{Z+1} \cdot \frac{n}{N} \cdot \frac{C}{L},$$

wobei L die Länge des Kabels in Kilometern bezeichnet.

Messungen während der Verlegung der Kabel.

Bei der Verlegung der Kabel kommt es vorzugsweise darauf an, die Isolation und Kapacität der einzelnen Adern sowohl vor als nach ihrer Verlöthung zu bestimmen. Dies geschieht nach den im Vorstehenden angegebenen Methoden.

Messungen des Leitungswiderstandes sind im Allgemeinen nicht erforderlich; es genügt vielmehr, die Stromfähigkeit der Adern mittels Telephons oder auf sonstige geeignete Weise festzustellen.

Besondere Prüfungen der Löthstellen finden nur bei Guttaperchakabeln statt, und zwar dann, wenn die Zuverlässigkeit des Löthers nicht ausser Zweifel steht oder die Isolationsmessung einer Ader einen zu geringen Widerstand ergeben hat. Das für derartige Prüfungen vorgeschriebene Verfahren ist folgendes: Die Löthstelle wird in einen mit Wasser gefüllten, gut isolirten Messingtrog gebracht, und darauf die Ader, deren Ende isolirt zu halten ist, mit einer starken Batterie geladen. Zur Ansammlung der hierbei durch die Löthstelle abfliessenden Elektricität dient ein Kondensator, welcher in der durch Fig. 63 veranschau-

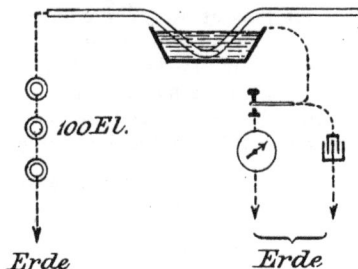

Fig. 63.

lichten Weise einerseits mit dem Messingtrog, andererseits mit
der Erde verbunden wird. Die nach einigen Minuten durch
das Galvanometer zu bewirkende Entladung des Kondensators
erzeugt einen Nadelausschlag, dessen Grösse auf die mehr oder
minder gute Isolation der Löthstelle schliessen lässt.

Da in einer Löthstelle nicht mehr Strom verloren gehen
darf, als in einem 4 m langen, gut isolirten Guttaperchadrahte,
so ist zur Vergleichung dieselbe Messung an einem solchen
Drahte vorzunehmen.

Messungen zur Beurtheilung der Betriebsfähigkeit der Kabelleitungen.

Die Leitungen der grossen unterirdischen Linien werden
zur Beurtheilung ihrer Betriebsfähigkeit wöchentlich einmal (in
der Nacht von Freitag zu Sonnabend) gemessen.

Leitungswiderstand. Je 2 Adern werden am fernen Ende
des Kabels zu einer Schleife verbunden und hierauf mittels der
Wheatstone'schen Brücke gemessen. Bezeichnet man den
Widerstand der einzelnen Adern mit ϱ und die durch Messung
gefundenen Werthe mit R, so würde man beispielsweise für ein
7adriges Kabel folgende Gleichungen erhalten:

$$R_1 = \varrho_1 + \varrho_7$$
$$R_2 = \varrho_2 + \varrho_7$$
$$R_3 = \varrho_3 + \varrho_7$$
$$R_4 = \varrho_4 + \varrho_7$$
$$R_5 = \varrho_5 + \varrho_7$$
$$R_6 = \varrho_6 + \varrho_7$$
$$R_7 = \varrho_1 + \varrho_4$$
$$R_8 = \varrho_2 + \varrho_5$$
$$R_9 = \varrho_3 + \varrho_6.$$

Aus diesen Gleichungen berechnet man zunächst ϱ_7, indem
man die Summe der 6 ersten Messungen um die Summe der
3 letzten Messungen vermindert und die Differenz durch 6
dividirt, subtrahirt dann ϱ_7 von den Ergebnissen der 6 ersten
Messungen und erhält auf diese Weise ϱ_1 bis ϱ_6.

Um die Widerstände ϱ auf die Normaltemperatur umzu-
rechnen, multiplicirt man ϱ_1 bis ϱ_7 mit dem Faktor

$$v = \frac{\varSigma \text{ Normalwiderstände}}{\varSigma \varrho_1 \text{ bis } \varrho_7}.$$

Die Bestimmung der Kabeltemperatur erfolgt für Guttaperchakabel mit Hilfe der nachfolgenden Tabelle.

Tabelle

für die Ermittelung der Kabeltemperaturen bei Guttaperchakabeln und Zusammenstellung der Faktoren zur Umrechnung des Guttaperchawiderstandes auf die Temperatur von 15° C.

I. Abtheilung.			II. Abtheilung.		
Temperatur C.	Guttapercha.		Temperatur C.	Kupfer.	
	Koefficient.	Logarithmus.		Koefficient.	Logarithmus.
24,0	3,244	0,51108	24,0	0,96565	0,98484 — 1
23,5	3,081	0,48869	23,5	0,96759	0,98570 — 1
23,0	2,884	0,46000	23,0	0,96952	0,98655 — 1
22,5	2,698	0,43104	22,5	0,97145	0,98744 — 1
22,0	2,525	0,40226	22,0	0,97337	0,98829 — 1
21,5	2,363	0,37346	21,5	0,97529	0,98914 — 1
21,0	2,213	0,34498	21,0	0,97720	0,98998 — 1
20,5	2,070	0,31597	20,5	0,97912	0,99087 — 1
20,0	1,939	0,28758	20,0	0,98104	0,99167 -- 1
19,5	1,814	0,25864	19,5	0,98295	0,99255 — 1
19,0	1,698	0,22994	19,0	0,98485	0,99339 — 1
18,5	1,589	0,20112	18,5	0,98675	0,99423 — 1
18,0	1,487	0,17231	18,0	0,98865	0,99506 — 1
17,5	1,392	0,14364	17,5	0,99055	0,99590 — 1
17,0	1,302	0,11461	17,0	0,99244	0,99669 — 1
16,5	1,219	0,08600	16,5	0,99432	0,99752 — 1
16,0	1,141	0,05729	16,0	0,99619	0,99835 — 1
15,5	1,068	0,02857	15,5	0,99810	0,99917 — 1
15,0	1,000	0,00000	15,0	1,00000	0,00000
14,5	0,9356	0,97109—1	14,5	1,00190	0,000824
14,0	0,8758	0,94240—1	14,0	1,00381	0,001647
13,5	0,8196	0,91360—1	13,5	1,00568	0,002468
13,0	0,7671	0,88485 - 1	13,0	1,00756	0,003288
12,5	0,7179	0,85606—1	12,5	1,00945	0,004106
12,0	0,6719	0,82730—1	12,0	1,01135	0,004922
11,5	0,6290	0,79865 - 1	11,5	1,01325	0,005738
11,0	0,5888	0,76997—1	11,0	1,01515	0,006551
10,5	0,5511	0,74123—1	10,5	1,01705	0,007363
10,0	0,5160	0,71265—1	10,0	1,01896	0,008174
9,5	0,4828	0,68377—1	9,5	1,02088	0,008993
9,0	0,4518	0,65495—1	9,0	1,02280	0,009790
8,5	0,4228	0,62613—1	8,5	1,02471	0,010596
8,0	0,3957	0,59737 - 1	8,0	1,02663	0,011401
7,5	0,3704	0,56867—1	7,5	1,02855	0,012246
7,0	0,3467	0,53995—1	7,0	1,03048	0,013048
6,5	0,3245	0,51121—1	6,5	1,03241	0,013848
6,0	0,3037	0,48244—1	6,0	0,03435	0,014688

I. Abtheilung.			II. Abtheilung.		
Tem-peratur C.	Guttapercha.		Tem-peratur C.	Kupfer.	
	Koefficient.	Logarithmus.		Koefficient.	Logarithmus.
5,5	0,2843	0,45378 − 1	5,5	1,03628	0,015485
5,0	0,2661	0,42521 − 1	5,0	1,03822	0,016281
4,5	0,2492	0,39655 − 1	4,5	1,04010	0,017075
4,0	0,2330	0,36736 − 1	4,0	1,04199	0,017867
3,5	0,2182	0,33885 − 1	3,5	1,04399	0,018700
3,0	0,2040	0,30963 − 1	3,0	1,04599	0,019531
2,5	0,1911	0,28126 − 1	2,5	1,04794	0,020319
2,0	0,1788	0,25237 − 1	2,0	1,04990	0,021047
1,5	0,1674	0,22376 − 1	1,5	1,05198	0,022015
1,0	0,1567	0,19507 − 1	1,0	1,05406	0,022881
0,5	0,1467	0,16643 − 1	0,5	1,05590	0,023628
0,0	0,1374	0,13799 − 1	0,0	1,05774	0,024362
− 0,5	0,1286	0,10927 − 1	− 0,5	1,05967	0,025170
− 1,0	0,1204	0,08055 − 1	− 1,0	1,06164	0,025978
− 1,5	0,1127	0,05182 − 1	− 1,5	1,06362	0,026786
− 2,0	0,1055	0,02310 − 1	− 2,0	1,06560	0,027594
− 2,5	0,0987	0,99438 − 2	− 2,5	1,06758	0,028403
− 3,0	0,0924	0,96566 − 2	− 3,0	1,06957	0,029211
− 3,5	0,0865	0,93694 − 2	− 3,5	1,07157	0,030019
− 4,0	0,0810	0,90821 − 2	− 4,0	1,07356	0,030827
− 4,5	0,0758	0,87949 − 2	− 4,5	1,07556	0,031635
− 5,0	0,0709	0,85077 − 2	− 5,0	1,07756	0,032443

Bei der Berechnung der Messergebnisse ist die Berichtigung für die Rheostatenablesung nach folgender Formel auszuführen:

$$R = \frac{a}{b}\left\{ W + QW + W'\left[f + \alpha (t - T)\right]\right\}.$$

In derselben bedeutet:

$\frac{a}{b}$ das Verhältniss der Widerstände in den beiden festen Brücken-zweigen (gewöhnlich $\frac{1000}{1000}$ SE),

W die Summe der im Rheostaten eingeschalteten Widerstände,
QW die Summe der Berichtigungen für die Rheostatenablesung,
W' einen abgerundeten Werth von (W + QW),
   f die Berichtigung für die Widerstandswerthe der Brückenarme a und b,
α den Werth, um welchen der Widerstand einer Rolle von 1 SE bei der Erwärmung um 1° C. vergrössert oder bei der Ab-kühlung verringert wird,

t die Temperatur im Rheostaten während der Messung,
T die Normaltemperatur.

QW, f und α sind den Berichtigungstabellen für die betreffenden Rheostaten zu entnehmen.

Isolationswiderstand. Vor Beginn der Messung, welche
nach der auf Seite 90 angegebenen Methode erfolgt, sind die
Adern zur vollständigen Entladung 5 bis 10 Minuten lang beim
Messamte an Erde zu legen. Der Vergleichswiderstand W beträgt 10^5 S E, $\dfrac{1}{Z}$ gewöhnlich $\dfrac{1}{999}$.

In der Regel ist der $+$ Pol an Leitung und der $-$ Pol an
Erde zu legen. Bei fehlerhaften Adern ist die Messung mit
dem $-$ Pol zu wiederholen und das Ergebniss nachrichtlich zu
vermerken.

Kapacität. Die Messung erfolgt nach der auf Seite 91
beschriebenen Methode; vorher sind die Adern beim Messamte
zur vollständigen Entladung 5—10 Minuten lang an Erde zu
legen. Zum Zwecke der Ladung ist der $+$ Pol der Batterie mit
den Adern zu verbinden.

Die Reduktion der gemessenen Kapacität auf 1 km ist nicht
erforderlich.

Messungen zur Ortsbestimmung von Fehlern in Kabeln.

Für die Messungen zur Ortsbestimmung von Fehlern in Kabeln
ist dem als Messinstrument dienenden Spiegelgalvanometer,
soweit die Aufstellung nach der Himmelsrichtung, der Abstand
zwischen Spiegel und Skala, sowie die Stellung des Richtmagneten
in Betracht kommt, stets die grösste erreichbare Empfindlichkeit
zu ertheilen. Jede Messung, namentlich in der Erdfehlerschleife,
ist doppelt auszuführen: einmal mit dem $+$ Pol, das andere Mal
mit dem $-$ Pol der Batterie. Bei der Berechnung ist das Mittel
beider Ergebnisse zu benutzen. Sämmtliche zur Ermittelung eines
Fehlerorts anzustellenden Messungen müssen innerhalb eines
möglichst kurzen Zeitraumes hinter einander bewirkt werden,
damit nicht durch Aenderungen im Zustande des Kabels Unsicher-
heiten erwachsen. Durch Vermehrung und Wiederholung der
Messungen wird die Sicherheit des Ergebnisses erhöht.

Verfahren zur Ermittelung eines Nebenschlusses. 1. Wenn
neben der fehlerhaften Ader noch mehrere fehlerfreie Adern vorhanden sind. Die fehlerhafte Ader werde
mit a_0 bezeichnet, 2 der fehlerfreien Adern mit a_1 und a_2. Zunächst wird der Kupferwiderstand der 3 Adern bei der zur Zeit
der Messung obwaltenden Temperatur des Kabels ermittelt,
und zwar in der für die regelmässigen Messungen (Seite 92) vorgeschriebenen Weise; dadurch erhält man

$$\varrho_1 = \frac{R_1 + R_3 - R_2}{2}$$

$$\varrho_2 = \frac{R_2 + R_3 - R_1}{2}$$

$$\varrho_0 = \frac{R_1 + R_2 - R_3}{2}.$$

Hierauf wird derjenige Batteriepol, welcher vorher am Eckpunkt B des Brückenvierecks lag, an Erde gelegt und auf diese Weise der vierte Eckpunkt des Wheatstone'schen Vierecks von B nach F verlegt (Fig. 64). Nachdem W so regulirt ist, dass die Nadel des Galvanometers in der Ruhelage verharrt, ist

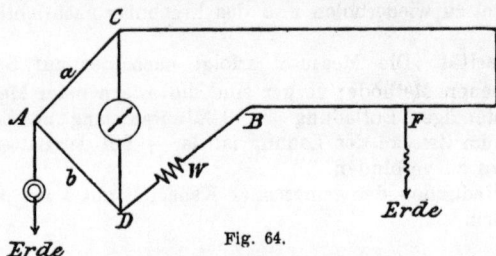

Fig. 64.

$$\frac{a}{b} = \frac{\varrho_1 + y}{W + x},$$

wobei x den Widerstand der fehlerhaften Ader von B bis F und y den Widerstand von F bis zum fernen Amte bezeichnet, oder, da $x + y = \varrho_0$, mithin $y = \varrho_0 - x$ ist,

$$\frac{a}{b} = \frac{\varrho_0 + \varrho_1 - x}{W + x}.$$

Hieraus folgt

$$x = \frac{b(\varrho_0 + \varrho_1) - aW}{a + b}$$

$$= \frac{bR_1 - aW}{a + b}.$$

Zur Bestimmung der diesem Widerstandswerthe entsprechenden Kabellänge l dient die Gleichung

$$\frac{l}{L} = \frac{x}{\varrho_0} \quad \text{oder} \quad l = L\frac{x}{\varrho_0},$$

worin L die Länge des ganzen Kabels bezeichnet. Setzt man nämlich in diese Gleichung für x und ϱ_0 die oben berechneten Werthe ein, so ist

$$l = 2L\frac{bR_1 - aW}{(a + b)(R_1 + R_2 - R_3)}.$$

Die Messung in der Erdfehlerschleife ergiebt den Widerstand x stets etwas zu gross, weil der durch die normale Leitungsfähigkeit der Isolirhülle herbeigeführte Stromverlust auf dem kürzeren Zweige x der Schleife geringer ist, als auf dem längeren $a_1 + y$. Zur genaueren Feststellung der Fehlerlage ist daher noch eine weitere Messung vorzunehmen; Näheres hierüber siehe Telegraphen-Messordnung Seite 40 ff.

Wo die Zuleitungen von dem Messsystem zum Kabel mehr als 1 m lang sind, muss der Widerstand dieser Zuleitungen durch besondere Messung ermittelt und mit in Rechnung gezogen werden.

Befindet sich der Nebenschluss nahe dem fernen Ende der Kabelschleife, und ist der Widerstand der fehlerhaften Ader grösser als derjenige der fehlerfreien Hilfsader, so gelingt es bei Messung mit gleichen Brückenarmen u. U. nicht, den Lichtschein auf Null zu bringen, selbst wenn alle Widerstandsrollen im Rheostaten ausgeschaltet werden. In derartigen Fällen kehrt man entweder die in Fig. 64 angedeutete Schaltung um, indem man die fehlerhafte Ader an den Eckpunkt C und die fehlerfreie an den Eckpunkt B des Brückenvierecks legt, oder man schaltet in die fehlerfreie Ader einen Widerstand von 500 SE ein, führt die Messung in der vorbeschriebenen Weise aus und bringt den eingeschalteten Widerstand bei Berechnung des Widerstandes der fehlerfreien Ader in Anrechnung.

2. Wenn neben der fehlerhaften Ader nur eine fehlerfreie Ader verfügbar ist. Da das Verhältniss zwischen den Kupferwiderständen beider Adern $\frac{\varrho_1}{\varrho_0} = \nu$ sich aus den am fehlerfreien Kabel ausgeführten regelmässigen Messungen mit der wünschenswerthen Genauigkeit ermitteln lässt, stehen zur Berechnung der Fehlerlage folgende beide Gleichungen zur Verfügung:

$$R_1 = \varrho_1 + \varrho_0$$

$$\frac{\varrho_1}{\varrho_0} = \nu.$$

Es ist also

$$\varrho_0 = \frac{R_1}{1 + \nu}$$

und

$$l = L \frac{x(1 + \nu)}{R_1}.$$

Um x zu berechnen, misst man ϱ_1 und ϱ_0 nach der Erdfehlerschleifenmethode; der erhaltene Werth $x = \frac{b R_1 - a W}{a + b}$

in obige Gleichung eingesetzt, ergiebt

$$l = L \cdot \frac{b\,R_1 - a\,W}{a+b} \cdot \frac{1 + r}{R_1}.$$

3. Wenn neben der fehlerhaften Ader keine
fehlerfreie Ader vorhanden ist. Für die Ermittelung
der Fehlerlage kommen in diesem Falle vorzugsweise in Betracht
die Methoden von Blavier, Jordan, Mance und Siemens. Da
derartige Fehlerortsbestimmungen bei Telegraphen- und Fernsprechkabeln erfahrungsgemäss sehr selten vorkommen, wird
von einer Beschreibung der genannten Methoden an dieser
Stelle abgesehen.

Verfahren bei Unterbrechung von Adern. Eine völlig genaue
Ermittelung der Fehlerlage ist nicht möglich. Bei vollständiger
Unterbrechung einer Ader misst man die Kapacität derselben
bis zur Fehlerstelle und vergleicht den gefundenen Werth mit
der aus den regelmässigen Messungen bekannten Kapacität der
Ader für 1 km. Sind sämmtliche Adern unterbrochen, was u. U.
der Fall sein wird, wenn das Kabel vollständig durchhauen
ist, so verfährt man am zweckmässigsten folgendermassen: 2 be-
liebige Adern werden an die Messbrücke gelegt und wie eine
Schleifleitung gemessen. Bezeichnet man den bei allen Adern
annähernd gleichen Widerstand vom Messorte bis zur Fehlerstelle mit x, den Widerstand an der Unterbrechungsstelle mit
z und das erhaltene Ergebniss mit R, so ist

$$R = 2\,x + z.$$

Liegt das Bruchende des Kabels im Wasser oder in sehr
feuchtem Erdreich, so ist z verschwindend klein, mithin

$$R = 2\,x \quad \text{und} \quad x = \frac{R}{2}.$$

Die Messung ist mehrfach zu wiederholen, wobei stets
andere Adern zu wählen sind. Die Ausführung der gleichartigen
Messungen vom anderen Kabelende aus und die Berechnung
des Mittels aus allen Ergebnissen fördert die Genauigkeit des
gewonnenen Ergebnisses.

Verfahren bei Berührung zweier Adern. Sind fehlerfreie
Adern vorhanden, so verbindet man die eine der in Berührung
befindlichen Adern mit Erde und macht dadurch die Berührung
zum Nebenschluss. Ist neben den fehlerhaften Adern keine
fehlerfreie Ader verfügbar, so werden erstere jenseits der
Fehlerstelle isolirt und am Messorte mittels der Wheatstone-
schen Brücke gemessen. Dadurch erhält man

$$R = x_1 + x_2 + z$$

und falls z — wie meistens angenommen werden kann — sehr klein, ferner $x_1 = x_2$ ist,

$$x = \infty\, \frac{R}{2}.$$

Die Sicherheit in der Ermittelung des Fehlerorts wird erhöht wenn die gleichartige Messung vom anderen Ende des Kabels aus wiederholt und aus den gefundenen Werthen das Mittel berechnet wird.

c) Messungen an galvanischen Elementen.

Allgemeines.

Die im Telegraphenbetriebe verwendeten primären Batterien werden in regelmässiger Zeitfolge hinsichtlich ihres inneren Widerstandes gemessen. Letzterer darf bei Elementen, welche zum Betriebe von Kabelleitungen verwendet werden, höchstens 6 SE, bei Elementen zum Betriebe oberirdischer Arbeitsstromleitungen höchstens 10 SE betragen.

Es sind zu messen:

a) die Batterien der unterirdischen Leitungen bei den mit Messinstrumenten ausgerüsteten Aemtern einmal wöchentlich, bei den übrigen Aemtern mindestens einmal monatlich;

b) die Batterien der oberirdischen Leitungen beim Betriebe der letzteren mit Hughesapparaten zweimal monatlich, mit Morseapparaten, sofern die Aemter mit Messinstrumenten ausgerüstet sind, einmal monatlich, sonst einmal vierteljährlich.

Ausser den zur Ausführung der genannten Messungen vorgeschriebenen Methoden *) sind im Folgenden noch einige Messmethoden angegeben, welche für die Bestimmung der Konstanten galvanischer Elemente von Wichtigkeit sind oder bei der Prüfung dieser Elemente in Bezug auf ihre Brauchbarkeit für Zwecke der Telegraphie und Telephonie mit Vortheil Verwendung finden.

Messung der elektromotorischen Kraft.

Mittels Elektrometers. Man misst die Potentialdifferenz an den Polen des zu prüfenden Elements mittels Quadrantelektrometers und vergleicht die beobachtete Ablenkung n mit der durch ein Normalelement bei entsprechender Einschaltung hervorgebrachten Ablenkung n_1. Dann ist, wenn E die EMK des

---

*) Seite 100 und 101 (Messung des inneren Widerstandes mittels Sinusbussole und mittels Tangentenbussole).

zu prüfenden Elements und E_1 die bekannte EMK des Normalelements bezeichnet,

$$E = E_1 \frac{n}{n_1}.$$

Mittels Kondensators. Man ladet einen Kondensator mit
dem zu prüfenden Element und misst die Stärke der Entladung
durch ein Spiegelgalvanometer; die beobachtete Ablenkung der
Nadel sei n. Darauf nimmt man statt des zu prüfenden Elements ein Normalelement und ladet mit diesem denselben Kondensator gleich lange; der bei der Entladung des letzteren nunmehr beobachtete Nadelausschlag sei n_1. Bezeichnet E wieder
die EMK des zu prüfenden Elements und E_1 die bekannte
EMK des Normalelements, so ist

$$E = E_1 \frac{n}{n_1}.$$

Mittels Voltmeters.[*]) Voraussetzung hierbei ist, dass der
Strom, welcher das Instrument durchfliesst, sehr schwach oder
der Widerstand des Instruments gross ist; er muss mindestens
20 Ω für 1 V der zu messenden Spannung betragen. Die
Theilung des Instrumentes wird zweckmässig so eingerichtet,
dass man bis 3 V messen kann

Messung des inneren Widerstandes.

Mittels Sinusbussole. Man schliesst das zu prüfende Element unter Einschaltung der Sinusbussole, dreht die Umwindungen der letzteren der abgelenkten Magnetnadel so lange
nach, bis sie wieder parallel zur Nadel stehen und liest an der
äusseren Theilung den Drehungswinkel der Umwindungen ab. Zu
diesem Winkel nimmt man aus der Tabelle auf Seite 101 den
daneben stehenden (zum halben Sinus des Drehungswinkels
gehörigen) Winkel, stellt die äussere Marke auf letzteren und
schaltet mittels eines Rheostaten soviel Widerstand in den
Stromkreis ein, bis die Nadel sich auf den Nullpunkt stellt. Der
im Rheostaten eingeschaltete Widerstand ist dann gleich dem
Widerstande des zu prüfenden Elements. Bezeichnet man
nämlich die Stromstärke des Elements mit i, die EMK mit e,
den gesuchten Widerstand mit r und den Rheostatenwiderstand
mit W, so ist

$$\text{für die erste Messung } i = \frac{e}{r},$$

$$\text{für die zweite Messung } \frac{i}{2} = \frac{e}{W+r}.$$

Hieraus ergiebt sich r = W.

---

[*]) Mittheilungen aus dem Telegraphen-Ingenieurbüreau des Reichs-Postamts II.

Für genauere Messungen ist der Galvanometerwiderstand von dem Rheostatenwiderstande in Abzug zu bringen.

Statt der Sinusbussole kann zu der beschriebenen Messung auch das Differentialgalvanometer verwendet werden.

Mittels Tangentenbussole. Man beobachtet den Winkel, um welchen die Nadel des Instruments durch den Strom des zu messenden Elements abgelenkt wird, ermittelt mit Hilfe der auf Seite 102 abgedruckten Tabelle den zur halben Tangente dieses Winkels gehörigen Winkel und schaltet mittels eines Rheostaten soviel Widerstand in den Stromkreis ein, dass die Nadel auf der Gradeintheilung diesen Winkel zeigt.

Tabelle.

zur Benutzung beim Messen von Batteriewiderständen mit der Sinusbussole und dem Differentialgalvanometer (für Ablenkungen von 10—60°).

Beob-achtete Ablenkung Grad.	Zu-gehöriger Winkel Grad.	Beob-achtete Ablenkung Grad.	Zu-gehöriger Winkel Grad.	Beob-achtete Ablenkung Grad.	Zu-gehöriger Winkel Grad.
10	5,0	27	13,2	44	20,3
11	5,5	28	13,6	45	20,7
12	6,0	29	14,0	46	21,0
13	6,5	30	14,5	47	21,4
14	7,0	31	14,9	48	21,8
15	7,5	32	15,4	49	22,2
16	8,0	33	15,7	50	22,5
17	8,5	34	16,2	51	22,9
18	9,0	35	16,6	52	23,2
19	9,4	36	17,1	53	23,6
20	9,8	37	17,5	54	23,9
21	10,3	38	17,9	55	24,2
22	10,8	39	18,4	56	24,5
23	11,4	40	18,7	57	24,8
24	11,8	41	19,1	58	25,1
25	12,2	42	19,6	59	25,4
26	12,6	43	19,9	60	25,6

Der Rheostatenwiderstand W ist dann nahezu gleich dem gesuchten Widerstande r.

Mittels der Wheatstone'schen Brücke.*) Die Brücke wird zweckmässig nach Fig. 65 eingerichtet; in derselben bedeutet:

---

*) Mittheilungen aus dem Telegraphen-Ingenieurbüreau des Reichs-Postamts II.

Tabelle

zur Benutzung beim Messen von Batteriewiderständen mit der
Tangentenbussole (für Ablenkungen von 20—70°).

Beob- achtete Ablenkung Grad.	Zu- gehöriger Winkel Grad.	Beob- achtete Ablenkung Grad.	Zu- gehöriger Winkel Grad	Beob- achtete Ablenkung Grad.	Zu- gehöriger Winkel Grad.
20	10,3	37	20,7	54	34,5
21	10,8	38	21,3	55	35,5
22	11,4	39	22,0	56	36,6
23	12,0	40	22,8	57	37,6
24	12,6	41	23,5	58	38,7
25	13,1	42	24,2	59	39,8
26	13,7	43	25,0	60	40,9
27	14,3	44	25,8	61	42,1
28	14,9	45	26,6	62	43,2
29	15,5	46	27,4	63	44,5
30	16,1	47	28,2	64	45,7
31	16,7	48	29,0	65	47,0
32	17,3	49	29,9	66	48,3
33	18,0	50	30,8	67	49,6
34	18,7	51	31,7	68	51,0
35	19,3	52	32,6	69	52,5
36	20,0	53	33,6	70	54,0

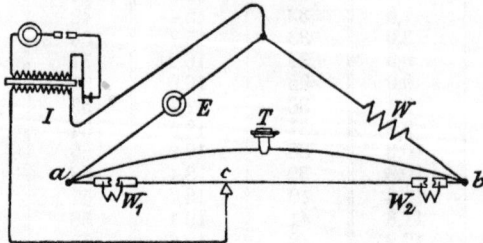

Fig. 65.

E das Element, dessen Widerstand r gemessen werden soll,
W einen Widerstand von 3Ω,
W₁ »   »   » 1,5Ω,
W₂ »   »   » 1Ω,
I einen Induktionsapparat,
T » Fernhörer und
a b den Messdraht.

Verschiebt man auf letzterem den Kontakt c so lange, bis im Fernhörer der Ton des Induktors verstummt, so ist

$$r = W \frac{W_1 + a}{W_2 + b} \ \Omega.$$

W_1 und W_2 können mittels Stöpsel ein- und ausgeschaltet werden.

d) Messungen an Erdleitungen.

Die Erdleitungen werden, sofern sie ausschliesslich zur Ableitung atmosphärischer Elektricität dienen (wie bei den Rohrständern der Stadt-Fernsprecheinrichtungen u. s. w.), jährlich, sonst alle 3 Jahre einmal hinsichtlich ihres Widerstandes gemessen.

Die Messung erfolgt mittels der Induktionsmessbrücke. Ausser der zu messenden Erdleitung vom Widerstande r sind noch 2 Hilfs-Erdleitungen erforderlich, deren Widerstände mit r_1 und r_2 bezeichnet werden sollen. Man misst in folgender Weise:

$$r + r_1 = R_1$$
$$r + r_2 = R_2$$
$$r_1 + r_2 = R_3.$$

Hieraus ergiebt sich

$$r = \frac{1}{2} (R_1 + R_2 - R_3).$$

r darf bei Erdleitungen, welche im Grundwasser enden, höchstens 15 SE, bei den übrigen Erdleitungen höchstens 30 SE betragen.

e) Messungen zur Bestimmung des Isolationswiderstandes der Doppelglocken.

Die auf Stützen geschraubten Doppelglocken werden auf eisernen Querträgern oder an hölzernen Stangenabschnitten befestigt und in einen im Innern mit Zink ausgeschlagenen »Benetzungsschrank« [*]) gebracht. Nachdem hier die Glocken längere Zeit hindurch einem feinen künstlichen Regen ausgesetzt worden sind, findet die Messung ihres Isolationswiderstandes statt. Das hierbei zu verwendende Spiegelgalvanometer wird einerseits mit den eisernen Stützen bzw. der Zinkwand des Benetzungsschrankes, andererseits mit einem an den Glocken nach Art der Leitung befestigten Drahte in Verbindung gebracht.

Die Ergebnisse, welche man auf diese Weise erhält, stellen die richtigen Uebergangswiderstände dar.

---

[*]) Wegen der Konstruktion des Benetzungsschrankes siehe Mittheilungen aus dem Telegraphen-Ingenieurbüreau des Reichs-Postamts II.

f) Messungen zur Bestimmung von Induktionskoefficienten.

Gegenseitige Induktion.*) Die Schaltung ergiebt sich aus Fig. 66. A und a stellen 2 Rollen dar, deren Induktionskoefficient

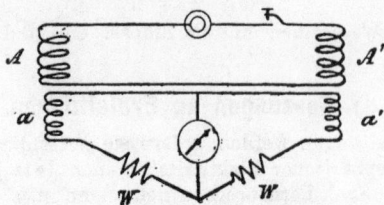

Fig. 66

L_m bekannt ist; gesucht wird L'_m, der Induktionskoefficient der Rollen A' und a'. a und a' sind so mit einander zu verbinden, dass die Induktionsströme, welche in a und a'' durch Schliessen oder Oeffnen des Batteriekreises erzeugt werden, gleiche Richtung haben. Sobald die induktionsfreien Widerstände W und W' so abgeglichen sind, dass beim Schliessen oder beim Oeffnen des Stromkreises die Nadel des Galvanometers in Ruhe bleibt, ist

$$\frac{L_m}{L'_m} = \frac{W}{W'} \text{ mithin } L'_m = L_m \frac{W'}{W}.$$

Selbstinduktion (Methode von Maxwell). Der zu untersuchende Leiter A mit dem Widerstande r wird nach Fig. 67

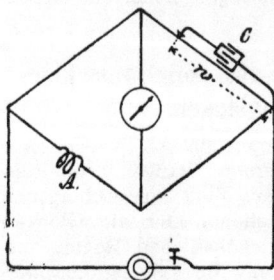

Fig. 67.

in einen der sonst induktionsfreien Zweige einer Wheatstone'schen Brücke eingeschaltet; im gegenüberliegenden Brückenzweig, dessen Widerstand W sei, schaltet man parallel zu einem Theil dieses Zweiges vom Widerstande w einen Kondensator von der Kapacität C. Nachdem w so abgeglichen; dass die Nadel des Galvanometers bei Stromschluss in Ruhe bleibt, ist

$$L_s = C \cdot w^2 \cdot \frac{r}{W},$$

*) Hilfsbuch für die Elektrotechnik.

Abschnitt VII.

Gesetze,
Bundesrathsbeschlusse, Verträge u. s. w.,
welche auf die Herstellung und Sicherung
der Reichs-Telegraphen- und Fernsprechanlagen Bezug haben.

Gesetz über das Telegraphenwesen des Deutschen Reichs vom 6. April 1892.

Wir Wilhelm, von Gottes Gnaden Deutscher Kaiser, König von Preussen u. s. w.

verordnen im Namen des Reichs, nach erfolgter Zustimmung des Bundesraths und des Reichstags, was folgt:

§ 1.

Das Recht, Telegraphenanlagen für die Vermittelung von Nachrichten zu errichten und zu betreiben, steht ausschliesslich dem Reich zu. Unter Telegraphenanlagen sind die Fernsprechanlagen mit begriffen.

§ 2.

Die Ausübung des im § 1 bezeichneten Rechts kann für einzelne Strecken oder Bezirke an Privatunternehmer und muss an Gemeinden für den Verkehr innerhalb des Gemeindebezirks verliehen werden, wenn die nachsuchende Gemeinde die genügende Sicherheit für einen ordnungsmässigen Betrieb bietet und das Reich eine solche Anlage weder errichtet hat, noch sich zur Errichtung und zum Betriebe einer solchen bereit erklärt.

Die Verleihung erfolgt durch den Reichskanzler oder die von ihm hierzu ermächtigten Behörden.

Die Bedingungen der Verleihung sind in der Verleihungsurkunde festzustellen.

§ 3.

Ohne Genehmigung des Reichs können errichtet und betrieben werden:

1. Telegraphenanlagen, welche ausschliesslich dem inneren Dienste von Landes- und Kommunalbehörden, Deichkorporationen, Siel- und Entwässerungsverbänden gewidmet sind;

2. Telegraphenanlagen, welche von Transportanstalten auf ihren Linien ausschliesslich zu Zwecken ihres Betriebes oder für die Vermittelung von Nachrichten innerhalb der bisherigen Grenzen benutzt werden;

3. Telegraphenanlagen

a) innerhalb der Grenzen eines Grundstückes,

b) zwischen mehreren einem Besitzer gehörigen oder zu einem Betriebe vereinigten Grundstücken, deren keines von dem anderen über 25 Kilometer in der Luftlinie entfernt ist, wenn diese Anlagen ausschliesslich für den der Benutzung der Grundstücke entsprechenden unentgeltlichen Verkehr bestimmt sind.

§ 4.

Durch die Landes-Centralbehörde wird, vorbehaltlich der Reichsaufsicht (Artikel 4 Ziffer 10 der Reichsverfassung), die Kontrole darüber geführt, dass die Errichtung und der Betrieb der im § 3 bezeichneten Telegraphenanlagen sich innerhalb der gesetzlichen Grenzen halten.

§ 5.

Jedermann hat gegen Zahlung der Gebühren das Recht auf Beförderung von ordnungsmässigen Telegrammen und auf Zulassung zu einer ordnungsmässigen telephonischen Unterhaltung durch die für den öffentlichen Verkehr bestimmten Anlagen.

Vorrechte bei der Benutzung der dem öffentlichen Verkehr dienenden Anlagen und Ausschliessungen von der Benutzung sind nur aus Gründen des öffentlichen Interesses zulässig.

§ 6.

Sind an einem Orte Telegraphenlinien für den Ortsverkehr, sei es von der Reichs-Telegraphenverwaltung, sei es von der Gemeindeverwaltung oder von einem andern Unternehmer, zur Benutzung gegen Entgelt errichtet, so kann jeder Eigenthümer eines Grundstücks gegen Erfüllung der von jenen zu erlassenden und öffentlich bekannt zu machenden Bedingungen den Anschluss an das Lokalnetz verlangen.

Die Benutzung solcher Privatstellen durch Unbefugte gegen Entgelt ist unzulässig.

§ 7.

Die für die Benutzung von Reichs-Telegraphen- und Fernsprechanlagen bestehenden Gebühren können nur auf Grund eines Gesetzes erhöht werden. Ebenso ist eine Ausdehnung der gegenwärtig bestehenden Befreiungen von solchen Gebühren nur auf Grund eines Gesetzes zulässig.

§ 8.

Das Telegraphengeheimniss ist unverletzlich, vorbehaltlich der gesetzlich für strafgerichtliche Untersuchungen, im Konkurse und in civilprozessualischen Fällen oder sonst durch Reichsgesetz festgestellten Ausnahmen. Dasselbe erstreckt sich auch darauf, ob und zwischen welchen Personen telegraphische Mittheilungen stattgefunden haben.

§ 9.

Mit Geldstrafe bis zu eintausendfünfhundert Mark oder mit Haft oder mit Gefängniss bis zu sechs Monaten wird bestraft, wer vorsätzlich entgegen den Bestimmungen dieses Gesetzes eine Telegraphenanlage errichtet oder betreibt.

§ 10.

Mit Geldstrafe bis zu einhundertfünfzig Mark wird bestraft, wer den in Gemässheit des § 4 erlassenen Kontrolvorschriften zuwiderhandelt.

§ 11.

Die unbefugt errichteten oder betriebenen Anlagen sind ausser Betrieb zu setzen oder zu beseitigen. Den Antrag auf Einleitung des hierzu nach Massgabe der Landesgesetzgebung erforderlichen Zwangsverfahrens stellt der Reichskanzler oder die vom Reichskanzler dazu ermächtigten Behörden.

Der Rechtsweg bleibt vorbehalten.

§ 12.

Elektrische Anlagen sind, wenn eine Störung des Betriebes der einen Leitung durch die andere eingetreten oder zu befürchten ist, auf Kosten desjenigen Theiles, welcher durch eine spätere Anlage oder durch eine später eintretende Aenderung seiner bestehenden Anlage diese Störung oder die Gefahr derselben veranlasst, nach Möglichkeit so auszuführen, dass sie sich nicht störend beeinflussen.

§ 13.

Die auf Grund der vorstehenden Bestimmung entstehenden Streitigkeiten gehören vor die ordentlichen Gerichte.

Das gerichtliche Verfahren ist zu beschleunigen (§§ 198, 202—204 der Reichs-Civilprozessordnung). Der Rechtsstreit gilt als Feriensache (§ 202 des Gerichtsverfassungsgesetzes, § 201 der Reichs-Civilprozessordnung).

§ 14.

Das Reich erlangt durch dieses Gesetz keine weitergehenden als die bisher bestehenden Ansprüche auf die Verfügung über fremden Grund und Boden, insbesondere über öffentliche Wege und Strassen.

§ 15.

Die Bestimmungen dieses Gesetzes gelten für Bayern und Württemberg mit der Massgabe, dass für ihre Gebiete die für das Reich festgestellten Rechte diesen Bundesstaaten zustehen, und dass die Bestimmungen des § 7 auf den inneren Verkehr dieser Bundesstaaten keine Anwendung finden.

Urkundlich unter Unserer Höchsteigenhändigen Unterschrift und beigedrucktem Kaiserlichen Insiegel.

Gegeben im Schloss zu Berlin, den 6. April 1892.

(L. S.)   W i l h e l m.
Graf von Caprivi.

Reichs-Strafgesetzbuch.*)

§ 317.

Wer vorsätzlich und rechtswidrig den Betrieb einer zu öffentlichen Zwecken dienenden Telegraphenanlage dadurch verhindert oder gefährdet, dass er Theile oder Zubehörungen derselben beschädigt oder Veränderungen daran vornimmt, wird mit Gefängniss von einem Monat bis zu drei Jahren bestraft.

§ 318.

Wer fahrlässigerweise durch eine der vorbezeichneten Händlungen den Betrieb einer zu öffentlichen Zwecken dienenden Telegraphenanlage verhindert oder gefährdet, wird mit Gefängniss bis zu einem Jahre oder mit Geldstrafe bis zu neunhundert Mark bestraft.

---

*) Ausser den hier abgedruckten §§ 317, 318 und 318a kommen für die Sicherung der Telegraphen- und Fernsprechanlagen u. U. in Betracht §§ 304 und 305 (Sachbeschädigung), § 360¹¹ (grober Unfug.)

Gleiche Strafe trifft die zur Beaufsichtigung und Bedienung der Telegraphenanlagen und ihrer Zubehörungen angestellten Personen, wenn sie durch Vernachlässigung der ihnen obliegenden Pflichten den Betrieb verhindern oder gefährden.

§ 318a.

Die Vorschriften in den §§ 317 und 318 finden gleichmässig Anwendung auf die Verhinderung oder Gefährdung des Betriebes der zu öffentlichen Zwecken dienenden Rohrpostanlagen.

Unter Telegraphenanlagen im Sinne der §§ 317 und 318 sind Fernsprechanlagen mitbegriffen.

Verpflichtungen der Eisenbahnverwaltungen im Interesse der Reichs-Telegraphenverwaltung.

(Beschluss des Bundesrathes vom 21. December 1868.)

1. Die Eisenbahnverwaltung hat die Benutzung des Eisenbahnterrains, welches ausserhalb des vorschriftsmässigen freien Profils liegt und soweit es nicht zu Seitengräben, Einfriedigungen u. s. w. benutzt wird, zur Anlage von oberirdischen und unterirdischen Bundes-Telegraphenlinien unentgeltlich zu gestatten. Für die oberirdischen Telegraphenlinien soll thunlichst entfernt von den Bahngeleisen nach Bedürfniss eine einfache oder doppelte Stangenreihe auf der einen Seite des Bahnplanums aufgestellt werden, welche von der Eisenbahnverwaltung zur Befestigung ihrer Telegraphenleitungen unentgeltlich mitbenutzt werden darf. Zur Anlage der unterirdischen Telegraphenlinien soll in der Regel diejenige Seite des Bahnterrains benutzt werden, welche von den oberirdischen Linien im Allgemeinen nicht verfolgt wird.

Der erste Trakt der Bundes-Telegraphenlinien wird von der Bundes-Telegraphenverwaltung und der Eisenbahnverwaltung gemeinschaftlich festgesetzt. Aenderungen, welche durch den Betrieb der Bahnen nachweislich geboten sind, erfolgen auf Kosten der Bundes-Telegraphenverwaltung bzw. der Eisenbahn; die Kosten werden nach Verhältniss der beiderseitigen Anzahl Drähte repartirt. Ueber anderweite Veränderungen ist beiderseitiges Einverständniss erforderlich, und werden dieselben für Rechnung desjenigen Theiles ausgeführt, von welchem dieselben ausgegangen sind.

2. Die Eisenbahnverwaltung gestattet den mit der Anlage und Unterhaltung der Bundes-Telegraphenlinien beauftragten

und hierzu legitimirten Telegraphenbeamten und deren Hilfs-
arbeitern behufs Ausführung ihrer Geschäfte das Betreten der
Bahn unter Beachtung der bahnpolizeilichen Bestimmungen,
auch zu gleichem Zwecke diesen Beamten die Benutzung eines
Schaffnersitzes oder Dienstcoupés auf allen Zügen, einschliesslich der Güterzüge, gegen Lösung von Fahrkarten der III. Wagenklasse.

3. Die Eisenbahnverwaltung hat den mit der Anlage und
Unterhaltung der Bundes-Telegraphenlinien beauftragten und
legitimirten Telegraphenbeamten auf deren Requisition zum
Transport von Leitungsmaterialien die Benutzung von Bahn-
meisterwagen unter bahnpolizeilicher Aufsicht gegen eine Vergütung von 5 Sgr. pro Wagen und Tag und von 20 Sgr. pro
Tag der Aufsicht zu gestatten.

4. Die Eisenbahnverwaltung hat die Bundes-Telegraphenanlagen an der Bahn gegen eine Entschädigung bis zur Höhe
von 10 Thlrn. pro Jahr und Meile durch ihr Personal bewachen
und in Fällen der Beschädigung nach Anleitung der von der
Bundes-Telegraphenverwaltung erlassenen Instruktion provisorisch wieder herstellen, auch von jeder wahrgenommenen
Störung der Linien der nächsten Bundes-Telegraphenstation
Anzeige machen zu lassen.

5. Die Eisenbahnverwaltung hat die Lagerung der zur Unterhaltung der Linien erforderlichen Vorräthe von Stangen auf den
dazu geeigneten Bahnhöfen unentgeltlich zu gestatten und diese
Vorräthe ebenmässig von ihrem Personal bewachen zu lassen.

6. Die Eisenbahnverwaltung hat bei vorübergehenden Unterbrechungen und Störungen des Bundes-Telegraphen alle De-
peschen der Bundes-Telegraphenverwaltung mittels ihres Telegraphen, soweit derselbe nicht für den Eisenbahnbetriebsdienst
in Anspruch genommen ist, unentgeltlich zu befördern, wofür
die Bundes-Telegraphenverwaltung in der Beförderung von Eisen-
bahn-Dienstdepeschen Gegenseitigkeit ausüben wird.

7. Die Eisenbahnverwaltung hat ihren Betriebstelegraphen
auf Erfordern des Bundeskanzler-Amts dem Privat-Depeschen-
verkehr nach Massgabe der Bestimmungen der Telegraphen-
ordnung für die Korrespondenz auf den Telegraphenlinien des
Norddeutschen Bundes zu eröffnen.

8. Ueber die Ausführung der Bestimmungen unter 1 bis einschliesslich 6 wird das Nähere zwischen der Bundes-Telegraphenverwaltung und der Eisenbahnverwaltung schriftlich vereinbart.

Verpflichtungen der Strassenbauverwaltungen im Interesse der Reichs-Telegraphenverwaltung.

(Beschluss des Bundesraths vom 25. Juni 1869.)

1. Die Strassenbauverwaltung hat die Benutzung des Strassenterrains, soweit dies ohne Behinderung des Strassenverkehrs thunlich ist, zur Anlage von oberirdischen und unterirdischen Bundes-Telegraphenlinien unentgeltlich zu gestatten.

Die Stangen für die oberirdischen Telegraphenlinien werden thunlichst entfernt von den Baumanpflanzungen aufgestellt.

Der erste Trakt der Bundes-Telegraphenlinien wird von der Bundes-Telegraphenverwaltung gemeinschaftlich festgesetzt.

Aenderungen des ursprünglichen, gemeinschaftlich festgesetzten Traktes, welche durch irgend welche Veranlassung nothwendig werden, sind von der Bundes-Telegraphenverwaltung nach Vereinbarung mit der Strassenbauverwaltung für Rechnung desjenigen Theiles auszuführen, von welchem dieselben beantragt sind.

2. Die Strassenverwaltung hat die Bundes-Telegraphenanlagen durch ihr Strassenaufsichtspersonal bewachen und in Fällen der Beschädigung nach Anleitung der von der Bundes-Telegraphenverwaltung erlassenen Instruktion provisorisch wieder herstellen, auch von jeder wahrgenommenen Störung der Linien der nächsten Bundes-Telegraphenstation Anzeige machen zu lassen. Die Bundes-Telegraphenverwaltung zahlt den mit der Beaufsichtigung und provisorischen Wiederherstellung der Bundes-Telegraphenlinien beauftragten Strassenaufsichtsbeamten Remunerationen bis zur Höhe von 10 Thlrn. pro Jahr und Meile durch die Strassenbauverwaltung. Die Remunerationen werden von der Bundes-Telegraphenverwaltung innerhalb der vorbezeichneten Grenze für die einzelnen Aufsichtsbeamten nach Massgabe der von denselben im Interesse des Bundes-Telegraphen geleisteten Dienste festgesetzt.

3. Die Strassenbauverwaltung hat den mit der Beseitigung von Beschädigungen des Bundes-Telegraphen beauftragten und als solche legitimirten Telegraphenbeamten auf Erfordern, und soweit dies thunlich ist, die bei der Unterhaltung der Kunststrasse beschäftigten Arbeiter gegen Zahlung des ortsüblichen Tagelohns zur Disposition zu stellen.

4. Um Störungen der Bundes-Telegraphenlinien durch Berührungen der Leitungsdrähte mit den Strassenanpflanzungen zu vermeiden, hat die Strassenbauverwaltung den Wuchs der Anpflanzungen so reguliren zu lassen, dass dieselben nach allen Richtungen hin mindestens 2 Fuss von den Leitungsdrähten des Bundes-Telegraphen entfernt sind.

Die erforderlichen Regulirungen sind in der Regel gleichzeitig mit den im Interesse der Strassenbauverwaltung und in den dazu passenden Jahreszeiten stattfindenden Ausästungen für Rechnung der Strassenbauverwaltung zu besorgen. Falls aber auf Antrag der Bundes-Telegraphenverwaltung im Interesse derselben besondere Ausästungen vorgenommen werden müssen, so sind die Kosten von der Bundes-Telegraphenverwaltung zu tragen.

5. Falls bei der Anlage und Unterhaltung der Bundes-Telegraphenlinien der Strassenkörper in seinem Planum, seinen Böschungen oder zugehörigen Gräben beschädigt wird, erfolgt die Wiederherstellung nach Anweisung der Strassenbauverwaltung für Rechnung der Bundes-Telegraphenverwaltung.

Für den bei den gedachten Herstellungs- bzw. Unterhaltungsarbeiten der Grasnutzung auf den Böschungen und in den Gräben zugefügten Schaden hat die Strassenbauverwaltung Anspruch auf Entschädigung nicht zu erheben.

6. Die Strassenbauverwaltung verpflichtet sich, dafür Sorge zu tragen, dass bei Verpachtung der Nutzung von Baumanpflanzungen oder bei käuflicher Ueberlassung derselben die betheiligten Personen vor Beschädigungen der Bundes-Telegraphenanlagen mit dem Bemerken gewarnt werden, dass sie event. zum Schadenersatz würden herangezogen werden.

Desgleichen verpflichtet sich die Strassenbauverwaltung, ihre Aufsichtsbeamten anzuweisen, bei Ausübung ihres Dienstes darüber zu wachen, dass die Nutzung oder das Fällen von Bäumen seitens der Berechtigten mit Vorsicht bewirkt werde, in allen Fällen aber, wo bei solcher Gelegenheit Bundes-Telegraphenanlagen beschädigt werden und das Nähere hierüber zu ihrer Kenntniss gelangt, der nächsten Bundes-Telegraphenstation Anzeige zu machen.

———————

Vertrag zwischen der Reichs-Post- und Telegraphenverwaltung und der Preussischen Staats-Eisenbahnverwaltung.

Vom $\frac{\text{8. September}}{\text{28. August}}$ 1888.

Zwischen der Kaiserlichen Reichs-Post- und Telegraphenverwaltung, vertreten durch den Staatssecretair des Reichs-Postamts, einerseits und der Königlich Preussischen Staats-Eisenbahnverwaltung, vertreten durch den Minister der öffentlichen Arbeiten, andererseits ist in Gemässheit der Ziffer 8 der vom Bundesrathe des Norddeutschen Bundes in seiner Sitzung vom

21. December 1868 festgesetzten Verpflichtungen der Eisenbahnverwaltungen im Interesse der Bundes-Telegraphenverwaltung
folgender Vertrag abgeschlossen worden:

§ 1.

Die Königlich Preussischen Staatsbahnen gestatten der
Reichs-Post- und Telegraphenverwaltung die unentgeltliche
Benutzung des Bahngeländes der jeweilig von ihnen für eigene
Rechnung verwalteten Eisenbahnen zur Anlage von Reichs-
Telegraphenlinien, sowohl ober- als unterirdischer, soweit das
Bahngelände ausserhalb des Normalprofils des lichten Raumes
liegt und nicht zu Seitengräben, Einfriedigungen und sonstigen
für die Bahn nothwendigen Anstalten benutzt wird.

Für die oberirdischen Telegraphenlinien soll thunlichst entfernt von den Bahngeleisen nach Bedürfniss eine einfache oder
doppelte Stangenreihe auf der einen Seite des Bahnplanums
aufgestellt werden, welche von der Eisenbahnverwaltung zur
Befestigung ihrer Telegraphenleitungen unentgeltlich mitbenutzt
werden darf. Zur Anlage der unterirdischen Telegraphenlinien
soll in der Regel diejenige Seite der Bahn benutzt werden,
welche. von den oberirdischen Linien im Allgemeinen nicht verfolgt wird.

Bezüglich der Lagestelle der Kabel findet gegenseitige Vereinbarung statt.

Die Führung der Reichs-Telegraphenlinien wird von der
Reichs-Post- und Telegraphenverwaltung und der Staats-Eisenbahnverwaltung gemeinsam festgesetzt. Aenderungen, welche
durch den Betrieb der Bahnen nachweislich geboten sind,
erfolgen auf Kosten der Reichs-Post- und Telegraphenverwaltung
und der Staats-Eisenbahnverwaltung nach Verhältniss der hierbei
in Frage stehenden beiderseitigen Anzahl Drähte. Ueber anderweite Veränderungen ist beiderseitiges Einverständniss erforderlich. Dieselben werden von der Reichs-Telegraphenverwaltung
für Rechnung desjenigen Theiles ausgeführt, von welchem sie
ausgegangen sind.

§ 2.

Die Staats-Eisenbahnverwaltung überlässt das Eigenthums-
recht an den vorhandenen Gestängen der Reichs-Post- und Telegraphenverwaltung, sobald die letztere an diesen Gestängen
Reichs-Telegraphenleitungen anlegen will, gegen Erstattung des
von beiderseitigen Bevollmächtigten gemeinschaftlich zu ermittelnden Zeitwerthes und unter der Bedingung, dass die
Gestänge von der Reichs-Post- und Telegraphenverwaltung auf
deren alleinige Kosten unterhalten, von der Eisenbahnverwaltung

aber mit der für sie nothwendigen Anzahl Leitungen unentgeltlich.
mitbenutzt werden.

Bei Herstellung neuer Bahnlinien wird die Staats-Eisenbahnverwaltung der Reichs-Post- und Telegraphenverwaltung den
Beginn des Baues der einzelnen Strecken und den Zeitpunkt,
bis zu welchem die Fertigstellung in Aussicht genommen ist,
rechtzeitig mittheilen.

Die Reichs-Post- und Telegraphenverwaltung hat sich
darauf zu erklären, ob sie die neuen Bahnstrecken zur Anlage
von Reichs-Telegraphenlinien benutzen will, und sichert für
diesen Fall die rechtzeitige Aufstellung des Gestänges zu, sodass
mit Eröffnung des Betriebes der Eisenbahn auch der Bahn-
telegraph benutzt werden kann.

Falls die Reichs-Post- und Telegraphenverwaltung die
Benutzung eines in ihrem Eigenthum befindlichen, von beiden
Verwaltungen gemeinschaftlich benutzten Gestänges aufgeben
sollte, sodass das Gestänge nur den Zwecken der Staats-Eisenbahnverwaltung zu dienen haben würde, wird letztere denjenigen Theil des Gestänges, dessen sie für ihre Zwecke bedarf,
gegen Erstattung des von beiderseitigen Bevollmächtigten
gemeinschaftlich zu ermittelnden Zeitwerthes als Eigenthum
erwerben, oder bis zu einem zwischen beiden Vertrag schlies-
senden Verwaltungen zu vereinbarenden Zeitpunkte für ihre
Leitungen ein eigenes Gestänge für ihre alleinige Rechnung
herstellen und unterhalten. Soweit die Staats-Eisenbahnverwaltung das Gestänge nicht ganz oder theilweise übernimmt,
wird es auf Kosten der Reichs-Post- und Telegraphenverwaltung
von dieser beseitigt.

Die Reichs Post- und Telegraphenverwaltung ist berechtigt,
auf ein und derselben Seite der Bahn nach Bedürfniss zwei
parallele Stangenreihen aufzustellen, welche durch Verkuppelung
thunlichst fest zu verbinden sind. Sollten die örtlichen Verhältnisse an einzelnen Stellen die Anlage einer doppelten
Stangenreihe nicht gestatten, so bleibt den beiderseitigen
technischen Bevollmächtigten die Vereinbarung über eine
anderweite Führung der Leitungen an diesen Stellen überlassen.

§ 4.

Die Stangen werden nach den von der obersten Telegraphenbehörde vorgeschriebenen Grundsätzen auf alleinige
Kosten der Reichs-Post- und Telegraphenverwaltung beschafft,
aufgestellt und unterhalten. Sie dienen beiden Verwaltungen
gemeinschaftlich zur Anbringung ihrer Drahtleitungen.

Die Plätze zur Anbringung der Bahnleitungen werden von
der Reichs-Post- und Telegraphenverwaltung nach Anhörung

und unter möglichster Berücksichtigung der Wünsche der
Staats-Eisenbahnverwaltung bestimmt. Dieselben sollen, soweit
thunlich, auf der den Bahngeleisen zugekehrten Seite der
Stangen und nicht niedriger als 2 m über der Erde angelegt
werden.

§ 5.

Jeder Verwaltung bleibt die Wahl, Beschaffung und Anbringung ihrer Isolirvorrichtungen und Drahtleitungen überlassen.

§ 6.

Die zur Führung der Leitungen durch Tunnel erforderlichen Telegraphenkabel werden von jeder Verwaltung auf ihre
eigenen Kosten beschafft, eingelegt und unterhalten.

Werden für die Führung der Telegraphenkabel durch
Tunnel gemeinschaftliche Schutzhüllen benutzt, so vertheilen
sich die Kosten der Neubeschaffung und Unterhaltung dieser
Umhüllungen auf die beiden Verwaltungen nach dem Verhältniss der Anzahl der beiderseitigen Kabel.

§ 7.

Die Staats-Eisenbahnverwaltung gestattet der Reichs-Post-
und Telegraphenverwaltung die unentgeltliche Lagerung der
zur Unterhaltung der gemeinschaftlich benutzten Gestänge
erforderlichen Stangen-Vorräthe auf näher anzuweisenden Plätzen
der dazu geeigneten Bahnhöfe. Diese Mengen-Vorräthe werden,
gleichwie die Eisenbahn-Baumaterialien, durch die Bahnbeamten mit beaufsichtigt und bewacht, ohne dass die Eisenbahnverwaltung in dieser Beziehung eine Gewähr übernimmt.

§ 8.

Zur Ermittelung derjenigen Stangen, welche im Laufe der
Zeit schadhaft werden und behufs Sicherung sowohl des Bahn-
als des beiderseitigen Telegraphenbetriebes wird die Reichs-
Post- und Telegraphenverwaltung jährlich mindestens einmal
eine besondere Prüfung jeder einzelnen Stange durch ihre
technischen Beamten vornehmen und die hierbei sich als nothwendig ergebenden Ausbesserungen an der Stangenreihe auf
ihre alleinigen Kosten ausführen lassen.

§ 9.

Die Staats-Eisenbahnverwaltung hat die Befugniss, in Fällen,
in denen Gefahr im Verzuge ist, Erneuerungen oder Versetzungen von Stangen oder sonstige Ausbesserungen an der
Stangenreihe selbständig vorzunehmen und die zu diesem Zweck

8*

erforderlichen Stangen aus den auf den Bahnhöfen gelagerten,
der Reichs-Post- und Telegraphenverwaltung gehörenden Stangen-
beständen zu entnehmen.

Dieselbe verpflichtet sich jedoch, die Eisenbahn-Telegraphen-
Aufseher anzuweisen, von allen selbständig bewirkten Erneuerungen, Versetzungen oder sonstigen Ausbesserungen der Reichs-
Telegraphengestänge der nächsten Reichs-Telegraphenanstalt
unter gleichzeitiger Uebersendung einer Quittung über die aus
den Beständen entnommenen Stangen Mittheilung zu machen.
Die der Staats-Eisenbahnverwaltung erwachsenden Kosten für
Ausbesserungen an der Stangenreihe werden von der Reichs-
Post- und Telegraphenverwaltung auf Grund der von der Eisenbahnverwaltung vierteljährlich aufzustellenden Kostenberechnung
baar erstattet.

§ 10.

Auf Verlangen der Staats-Eisenbahnverwaltung wird die
Reichs-Post- und Telegraphenverwaltung das Ab- und Wieder-
anschrauben der Bahn-Telegraphenisolatoren an die zur Aus-
wechselung gelangenden Stangen mit den übrigen Arbeiten
gleichzeitig ausführen lassen und der Eisenbahnverwaltung
dafür den Betrag von 10 Pf. für den Isolator in Rechnung
stellen. Die Reichs-Post- und Telegraphenverwaltung behält
sich jedoch vor, höhere Kosten in Forderung nachzuweisen,
falls sich bei Anwendung schwieriger Isolirvorrichtungen
herausstellen sollte, dass der vorgenannte Betrag die Selbst-
kosten nicht deckt.

§ 11.

Die Staats-Eisenbahnverwaltung gestattet den mit der Anlage und Unterhaltung der Reichs-Telegraphenlinien beauftragten
und hierzu berechtigten Beamten der Reichs-Post- und Telegraphenverwaltung, den Leitungsaufsehern und Hülfsarbeitern
behufs Ausführung ihrer Geschäfte das Betreten der Bahn, unter
Beachtung der bahnpolizeilichen Bestimmungen, auch zu gleichem
Zwecke diesen Beamten und den Leitungsaufsehern die Benutzung eines Schaffnersitzes oder eines Dienstcoupées auf allen
Zügen ohne Ausnahme, einschliesslich der Güterzüge, gegen
Lösung einer Fahrkarte der III. Wagenklasse. Die Staats-Eisenbahnverwaltung fertigt den von der Reichs-Post- und Telegraphenverwaltung namhaft zu machenden Beamten die erforderlichen
Berechtigungskarten aus.

Die unentgeltliche Mitführung von Werkzeugen und Materialien in den Coupés ist insoweit gestattet, als die Mitreisenden
dadurch nicht belästigt werden.

§ 12.

Die Staats-Eisenbahnverwaltung verpflichtet sich, den mit der Anlage und Unterhaltung der Reichs-Telegraphenlinien beauftragten und hierzu berechtigten Beamten behufs Beförderung von Linienmaterialien auf Ersuchen die nöthigen Streckenwagen unter bahnpolizeilicher Beaufsichtigung eines Bahnbeamten zur Verfügung zu stellen. Die Reichs-Post- und Telegraphenverwaltung vergütet der Eisenbahn-Verwaltung für jeden solchen Wagen 50 Pf. für jeden auch nur angefangenen Tag der Benutzung und für den beaufsichtigenden Bahnbeamten Tagegelder von 2 M. für jeden auch nur angefangenen Tag der Beaufsichtigung. Diese Vergütung weist die Staats Eisenbahnverwaltung auf Grund der von den technischen Beamten der Reichs-Post- und Telegraphenverwaltung ausgestellten Bescheinigungen vierteljährlich in Forderung nach.

§ 13.

Die Staats-Eisenbahnverwaltung lässt die Reichs-Telegraphenanlagen an der Bahn gegen eine Entschädigung bis zur Höhe von 4 Mark für das Jahr und das Kilometer durch ihr Personal bewachen und in Fällen der Beschädigung nach Anleitung der von der Reichs-Post und Telegraphenverwaltung erlassenen Anweisung vorläufig wieder herstellen, auch von jeder wahrgenommenen Störung der Linien dem nächsten Reichs-Post- oder Telegraphenamt Anzeige machen. Die zur Ausrüstung des Bahnpersonals nöthigen Geräthe zur vorläufigen Wiederherstellung der beschädigten Anlagen werden von der Reichs-Post- und Telegraphenverwaltung, die Telegraphenleitern von der Eisenbahnverwaltung beschafft und unterhalten und bleiben Eigenthum der Unterhaltungspflichtigen. Die Benutzung dieser Gegenstände steht beiden Verwaltungen zu.

§ 14.

Die Baarauslagen für Tagelöhne und Materialien, welche bei vorläufiger Wiederherstellung der Reichs-Telegraphenlinien erwachsen sind, werden auf Grund der von der Staats-Eisenbahnverwaltung aufzustellenden, gehörig bescheinigten Rechnungen Seitens der Reichs-Post- und Telegraphenverwaltung vierteljährlich baar erstattet.

Den mit der endgültigen Wiederherstellung von Beschädigungen beauftragten Beamten, Leitungsaufsehern und Telegraphenarbeitern wird Seitens der Bahnbeamten auf Erfordern bei diesem Geschäfte unentgeltlich Unterstützung geleistet, soweit jene Beamten dazu ohne Behinderung in der Wahrnehmung ihrer sonstigen amtlichen Obliegenheiten im Stande sind.

§ 15.

Behufs schnellerer Ermittelung um Beseitigung von Störungsursachen sollen die beiden Eisenbahnstationen, zwischen welchen ein Fehler in den Reichs-Telegraphenlinien eingegrenzt ist, mittels Telegrammes durch das Kaiserliche Telegraphen- oder Postamt von dem Bestehen dieses Fehlers auf der zwischen ihnen liegenden Strecke in Kenntniss gesetzt und gleichzeitig um Ablassung des für dergleichen Störungen durch die Signalordnung vorgeschriebenen Zugsignals ersucht werden. Dieses Signal wird von jeder der beiden Eisenbahnstationen den nächsten beiden, die Fehlerstrecke am Tage durchfahrenden Bahnzügen oder Maschinen mitgegeben, wenn inzwischen nicht bereits die ebenfalls mittels Diensttelegramms zu bewirkende Mittheilung von der Beseitigung des Fehlers eingegangen sein sollte.

Nach jedem Durchgange des Störungssignals haben die Bahnaufsichtsbeamten die Telegraphenanlagen auf ihrer Aufsichtsstrecke einer genauen Besichtigung zu unterwerfen und etwa vorgefundene Fehler nach der im § 13 gedachten Anweisung zu beseitigen.

Damit aber das Aufsichtspersonal der fehlerfreien Strecken nicht unnöthig benachrichtigt wird, soll diejenige der vorgedachten beiden Eisenbahnstationen, welche in Bezug auf die Fahrrichtung des das Signal führenden Zuges am Endpunkte der Fehlerstrecke liegt, die Abnahme des Signals bewirken.

§ 16.

Die Staats-Eisenbahnverwaltung wird bei vorübergehenden Unterbrechungen und Störungen der Reichs-Telegraphen alle Telegramme der Reichs-Post- und Telegraphenverwaltung mittels ihres Telegraphen, soweit dieser nicht für den Eisenbahnbetriebsdienst in Anspruch genommen ist, unentgeltlich befördern, wofür die Reichs-Post- und Telegraphenverwaltung in der Beförderung der Eisenbahndiensttelegramme Gegenseitigkeit ausüben wird.

§ 17.

Die Entschädigungen und Ersatzleistungen, welche auf Grund der Haftpflicht-, Unfallversicherungs- und Unfallfürsorgegesetze an die bei der Einrichtung, Unterhaltung und Wiederherstellung der Reichs-Telegraphenanlagen beschäftigten Beamten und Arbeiter und deren Hinterbliebene zu gewähren sind, trägt die Reichs-Post- und Telegraphenverwaltung, sofern sie nicht nachweist, dass der Unfall durch ein Verschulden der Eisenbahnverwaltung oder einer der im Eisenbahnbetriebe verwendeten Personen herbeigeführt ist.

§ 18.

Ueber etwaige im Laufe der Zeit erforderliche Aenderungen der Festsetzungen des gegenwärtigen Vertrages wird eine besondere Vereinbarung vorbehalten.

§ 19.

Der vorstehende, von beiden Theilen genehmigte und unterschriebene und doppelt ausgefertigte Vertrag tritt am 1. October 1888 in Geltung.

Sämmtliche zur Zeit bestehende, den gleichen Gegenstand betreffende Verträge zwischen den Reichs-Post- und Telegraphenbehörden einerseits und den Königlich preussischen Staats-Eisenbahnbehörden andererseits treten mit dem gleichen Zeitpunkt ausser Kraft.

Berlin, den $\frac{8.\ \text{September}}{28.\ \text{August}}$ 1888.

(St. d. S.)   (St. d. S.)

Der Staatssecretair   Der Minister

des Reichs-Postamts.   der öffentlichen Arbeiten.

v. Stephan.   I. A.: Brefeld.

Gesetz über Kleinbahnen und Privatanschlussbahnen vom 28. Juli 1892.

§ 2.

Zur Herstellung und zum Betriebe einer Kleinbahn bedarf es der Genehmigung der zuständigen Behörde. Dasselbe gilt für wesentliche Erweiterungen oder sonstige wesentliche Aenderungen des Unternehmens, der Anlage oder des Betriebes. .

· · · · · · · · · · · · · · · · · · ·

§ 8.

· ·

Wenn die Bahn sich dem Bereiche einer Reichs-Telegraphenanlage nähert, so ist die zuständige Telegraphenbehörde vor der Genehmigung zu hören. · · · · · · · · · · · · · · ·

· · · · · · · · · · · · · · · · · · · ·

Zusammenstellung
derjenigen Schutzmassregeln, die von der Reichs-Post- und Telegraphenverwaltung bei Herstellung und Inbetriebnahme elektrischer Anlagen für Starkströme (ausschliesslich der elektrischen Eisenbahnen) im Allgemeinen für nothwendig erachtet werden.

Oberirdische Anlagen.

1. Für die mit Gleichstrom oder Wechselstrom (ein- oder mehrphasigem) zu betreibenden Anlagen müssen die Hin- und Rückleitungen des Stromkreises durch besondere Leitungen gebildet werden. Die Erde darf als Rückleitung nicht benutzt oder mitbenutzt werden.

2. Die Hin- und Rückleitungen müssen in einem so geringen, überall gleichen Abstande von einander verlaufen, als dies die Rücksicht auf die Sicherheit des Betriebes zulässt.

3. An den Kreuzungsstellen der Starkstromleitungen mit den Reichs-Telegraphen- und Fernsprechleitungen müssen die Starkstromleitungen mindestens in dem in Betracht kommenden Stützpunkts-Zwischenraum entweder aus isolirtem Draht hergestellt werden, oder es sind bei Verwendung blanken Drahtes solche stromfreie Schutzvorrichtungen anzubringen, dass eine unmittelbare Berührung der Leitungen verhindert wird. Die Starkstromleitungen sind so zu führen, dass sie die Schwachstromleitungen möglichst rechtwinklig kreuzen. Der Abstand der Starkstromleitungen von den Schwachstromleitungen darf nicht weniger als 1 m betragen.

4. An denjenigen Stellen, wo die Starkstromleitungen neben den Schwachstromleitungen verlaufen und der gegenseitige Abstand weniger als 10 m beträgt, müssen die Starkstromleitungen auf eine ausreichende Strecke hin aus isolirtem Draht hergestellt oder bei Verwendung blanken Drahtes mit stromfreien Schutzvorrichtungen zur Verhinderung der Berührung mit den Schwachstromleitungen (vgl. Punkt 3) versehen werden. Von dieser Bedingung kann abgesehen werden, wenn die örtlichen Verhältnisse eine Berührung der Starkstrom- und Schwachstromleitungen, auch beim Umbruch von Gestängen oder beim Zerreissen von Drähten, ausschliessen.

5. Die isolirende Hülle des nach Punkt 3 und 4 zu benutzenden isolirten Drahtes darf bei unmittelbarer Berührung mit einem blanken zur Erde abgeleiteten Draht unter Einwirkung der höchsten vorkommenden Betriebsspannung nicht durchschlagen werden. Widersteht die isolirende Hülle der höchsten Betriebsspannung nicht, so wird der Draht als nicht isolirt angesehen. Die Prüfungen des isolirten Drahtes müssen

unter Zuziehung eines Beauftragten der Ober-Postdirection ausgeführt werden.

Im Falle des Bedürfnisses werden zum weiteren Schutze der vorhandenen Telegraphenleitungen in denselben Schmelzsicherungen eingeschaltet.

6. Falls die vorgesehenen Schutzmassregeln nicht ausreichen, um Unzuträglichkeiten oder Störungen für den Telegraphenoder Fernsprechbetrieb fernzuhalten, hat der Unternehmer der Starkstromanlage, im Einvernehmen mit der Kaiserlichen Ober-Postdirection, ohne Verzug weitere Massnahmen zu treffen, bis die Beseitigung der Unzuträglichkeiten oder der störenden Einflüsse erfolgt ist.

7. Alle Kosten, welche durch die Ausführung der erforderlichen Massnahmen zum Schutze der vorhandenen Reichs-Telegraphen- und Fernsprechleitungen oder gegen Gefahren der mit denselben beschäftigten oder dieselben benutzenden Personen oder zur Fernhaltung induktorischer Beeinflussung durch die Starkströme oder durch Aenderungen oder sonstige Arbeiten an den bei Errichtung der Starkstromanlage bestehenden Reichs-Telegraphen- und Fernsprechleitungen aus Anlass der Herstellung, der Unterhaltung oder des Betriebes der Starkstromanlage entstehen, sind vom Unternehmer der Postkasse zu erstatten. Die hierüber entstehenden Streitigkeiten werden im Rechtswege entschieden.

8. Für den Fall, dass Fehler in der Starkstromanlage zu Störungen des Telegraphen- oder Fernsprechbetriebes Anlass geben, muss der Betrieb der Starkstromanlage in entsprechendem Umfange so lange eingestellt werden, bis der Fehler beseitigt ist.

9. Spätere wesentliche Veränderungen oder Erweiterungen der Starkstromanlage sollen im Einvernehmen mit der Kaiserlichen Ober-Postdirection ausgeführt werden. Die Unternehmer verpflichten sich, der genannten Behörde von derartigen Plänen rechtzeitig vorher Kenntniss zu geben.

Unterirdische Anlagen.

1. Für die mit Gleichstrom oder Wechselstrom (ein- oder mehrphasigem) zu betreibenden Anlagen müssen die Hin- und Rückleitungen des Stromkreises durch besondere Leitungen gebildet werden. Die Erde darf als Rückleitung nicht benutzt oder mitbenutzt werden.

2. Die Hin- und Rückleitungen müssen in einem so geringen, überall gleichen Abstande von einander verlaufen, als dies die Rücksicht auf die Sicherheit des Betriebes zulässt.

3. Die unterirdischen Leitungen für Starkströme müssen thunlichst entfernt von den Reichs-Telegraphenkabeln, wo es

angängig ist, auf der andern Strassenseite verlegt werden.
Kreuzungen der unterirdischen Kabel für Starkströme mit
solchen für Schwachströme müssen derartig erfolgen, dass der
Abstand der Kabel von einander mindestens 40 cm beträgt.

Werden Reichs-Telegraphenkabel von unterirdischen Kabeln
für elektrische Starkströme gekreuzt oder verlaufen die Kabel
in einem seitlichen Abstande von weniger als 50 cm voneinander,
so müssen die Reichs-Telegraphenkabel — sofern diese oder die
Starkstromkabel nicht in gemauerten Kanälen liegen, — auf
Kosten des Unternehmers mit eisernen Rohren, die über die
Kreuzungsstelle nach jeder Seite hin etwa 1,50 m und über die
Endpunkte der Näherungsstrecke 2 bis 3 m hinausragen, umgeben und die eisernen Schutzrohre auf der den Starkstrom-
kabeln zugewendeten Seite mit genügend starken Halbmuffen
aus Cement oder Beton bedeckt werden. Diese Muffen, deren
Bestimmung es ist, flüssiges Metall von den Schutzrohren abzuhalten bzw. zu starke Erwärmung der eingelegten Kabel zu
verhüten, müssen 50 cm zu beiden Seiten der kreuzenden Starkstromkabel bzw. bei seitlichen Annäherungen ebensoweit über
den Anfangs- und Endpunkt der gefährdeten Strecke hinausragen. Wenn die Starkstromkabel in Vertheilungskasten eingeführt werden, und in einem Abstande von weniger als 50 cm
von einem Kasten sich Telegraphen- oder Fernsprechkabel
befinden, so sind letztere ebenso wie bei einer Näherung der
Starkstromkabel zu schützen. Von dieser Massregel kann abgesehen werden, wenn der Vertheilungskasten (mit Ausnahme
des Deckels) von Mauerwerk oder von einer Cement- oder Betonschicht umgeben ist.

4. Falls die vorgesehenen Schutzmassregeln nicht ausreichen,
um Unzuträglichkeiten oder Störungen für den Telegraphen-
oder Fernsprechbetrieb fernzuhalten, hat der Unternehmer der
Starkstromanlage, in Einvernehmen mit der Kaiserlichen Ober-
Postdirection, ohne Verzug weitere Massnahmen zu treffen, bis
die Beseitigung der Unzuträglichkeiten oder der störenden Einflüsse erfolgt ist.

5. Alle Kosten, welche durch die Ausführung der erforderlichen Massnahmen zum Schutze der vorhandenen Reichs-
Telegraphen- und Fernsprechleitungen oder gegen Gefahren der
mit denselben beschäftigten oder dieselben benutzenden Personen oder zur Fernhaltung induktorischer Beeinflussung durch
die Starkströme oder durch Aenderungen oder sonstige Arbeiten
an den bei Errichtung der Starkstromanlage bestehenden Reichs-
Telegraphen- und Fernsprechleitungen aus Anlass der Herstellung, der Unterhaltung oder des Betriebes der Starkstromanlage entstehen, sind vom Unternehmer der Postkasse zu erstatten.

Die hierüber entstehenden Streitigkeiten werden im Rechtswege entschieden.

6. Für den Fall, dass Fehler in der Starkstromanlage zu Störungen des Telegraphen- oder Fernsprechbetriebes Anlass geben, muss der Betrieb der Starkstromanlage in entsprechendem Umfange so lange eingestellt werden, bis der Fehler beseitigt ist.

7. Spätere wesentliche Veränderungen oder Erweiterungen der Starkstromanlage sollen im Einvernehmen mit der Kaiserlichen Ober-Postdirection ausgeführt werden. Die Unternehmer verpflichten sich, der genannten Behörde von derartigen Plänen rechtzeitig vorher Kenntniss zu geben

Gemischte Anlagen.

1. Für die mit Gleichstrom oder Wechselstrom (ein oder mehrphasigem) zu betreibenden Anlagen müssen die Hin- und Rückleitungen des Stromkreises durch besondere Leitungen gebildet werden. Die Erde darf als Rückleitung nicht benutzt oder mitbenutzt werden.

2. Die Hin- und Rückleitungen müssen in einem so geringen, überall gleichen Abstande von einander verlaufen, als dies die Rücksicht auf die Sicherheit des Betriebes zulässt.

3. An den Kreuzungsstellen der Starkstromleitungen mit den Reichs-Telegraphen- und Fernsprechleitungen müssen die Starkstromleitungen mindestens in dem in Betracht kommenden Stützpunkts-Zwischenraum entweder aus isolirtem Draht hergestellt werden, oder es sind bei Verwendung blanken Drahtes solche stromfreie Schutzvorrichtungen anzubringen, dass eine unmittelbare Berührung der Leitungen verhindert wird. Die Starkstromleitungen sind so zu führen, dass sie die Schwachstromleitungen möglichst rechtwinklig kreuzen. Der Abstand der Starkstromleitungen von den Schwachstromleitungen darf nicht weniger als 1 m betragen.

4. An denjenigen Stellen, wo die Starkstromleitungen neben den Schwachstromleitungen verlaufen, und der gegenseitige Ab·stand weniger als 10 m beträgt, müssen die Starkstromleitungen auf eine ausreichende Strecke hin aus isolirtem Draht hergestellt oder bei Verwendung blanken Drahtes mit stromfreien Schutzvorrichtungen zur Verhinderung der Berührung mit den Schwachstromleitungen (vgl. Punkt 3) versehen werden. Von dieser Bedingung kann abgesehen werden, wenn die örtlichen Verhältnisse eine Berührung der Starkstrom- und Schwachstromleitungen auch beim Umbruch von Gestängen oder beim Zerreissen von Drähten ausschliessen.

5. Die isolirende Hülle des nach Punkt 3 und 4 zu benutzenden isolirten Drahtes darf bei unmittelbarer Berührung

mit einem blanken zur Erde abgeleiteten Draht unter Einwirkung der höchsten vorkommenden Betriebsspannung nicht
durchschlagen werden. Widersteht die isolirende Hülle der
höchsten Betriebsspannung nicht, so wird der Draht als nicht
isolirt angesehen. Die Prüfungen des isolirten Drahtes müssen
unter Zuziehung eines Beauftragten der Ober-Postdirection ausgeführt werden. Im Falle des Bedürfnisses werden zum weiteren
Schutze der vorhandenen Telegraphenleitungen in denselben
Schmelzsicherungen eingeschaltet.

6. Die unterirdischen Leitungen für Starkströme müssen
thunlichst entfernt von den Reichs-Telegraphenkabeln, wo es
angängig ist, auf der anderen Strassenseite verlegt werden.
Kreuzungen der unterirdischen Kabel für Starkströme mit
solchen für Schwachströme müssen derartig erfolgen, dass der
Abstand der Kabel von einander mindestens 40 cm beträgt.
Werden Reichs-Telegraphenkabel von unterirdischen Kabeln für
elektrische Starkströme gekreuzt, oder verlaufen die Kabel in
einem seitlichen Abstande von weniger als 50 cm von einander,
so müssen die Reichs-Telegraphenkabel — sofern diese oder die
Starkstromkabel nicht in gemauerten Kanälen liegen — auf
Kosten des Unternehmers mit eisernen Rohren, die über die
Kreuzungsstelle nach jeder Seite hin etwa 1,50 m und über die
Endpunkte der Näherungsstrecke 2 bis 3 m hinausragen, umgeben und die eisernen Schutzrohre auf der den Starkstrom-
kabeln zugewendeten Seite mit genügend starken Halbmuffen
aus Cement oder Beton bedeckt werden. Diese Muffen, deren
Bestimmung es ist, flüssiges Metall von den Schutzrohren abzuhalten bzw. zu starke Erwärmung der eingelegten Kabel zu
verhüten, müssen 50 cm zu beiden Seiten der kreuzenden Starkstromkabel bzw. bei seitlichen Annäherungen ebensoweit über
den Anfangs- und Endpunkt der gefährdeten Strecke hinausragen. Wenn die Starkstromkabel in Vertheilungskasten eingeführt werden, und in einem Abstande von weniger als 50 cm
von einem Kasten sich Telegraphen- oder Fernsprechkabel
befinden, so sind letztere ebenso wie bei einer Näherung der
Starkstromkabel zu schützen. Von dieser Massregel kann abgesehen werden, wenn der Vertheilungskasten (mit Ausnahme
des Deckels) von Mauerwerk oder von einer Cement- oder Betonschicht umgeben ist. Im Uebrigen gelten die Bedingungen unter
1 und 2 auch für den unterirdischen Theil der Starkstromanlage.

7. Falls die vorgesehenen Schutzmassregeln nicht ausreichen,
um Unzuträglichkeiten oder Störungen für den Telegraphen-
oder Fernsprechbetrieb fern zu halten, hat der Unternehmer der
Starkstromanlage, im Einvernehmen mit der Kaiserlichen Ober-
Postdirection, ohne Verzug weitere Massnahmen zu treffen, bis

die Beseitigung der Unzuträglichkeiten oder der störenden Einflüsse erfolgt ist.

8. Alle Kosten, welche durch die Ausführung der erforderlichen Massnahmen zum Schutze der vorhandenen Reichs-Telegraphen- und Fernsprechleitungen oder gegen Gefahren der mit denselben beschäftigten oder dieselben benutzenden Personen oder zur Fernhaltung induktorischer Beeinflussung durch die Starkströme oder durch Aenderungen oder sonstige Arbeiten an den bei Errichtung der Starkstromanlage bestehenden Reichs-Telegraphen- und Fernsprechleitungen aus Anlass der Herstellung, der Unterhaltung oder des Betriebes der Starkstromanlage entstehen, sind vom Unternehmer der Postkasse zu erstatten. Die hierüber entstehenden Streitigkeiten werden im Rechtswege entschieden.

9. Für den Fall, dass Fehler in der Starkstromanlage zu Störungen des Telegraphen- oder Fernsprechbetriebes Anlass geben, muss der Betrieb der Starkstromanlage in entsprechendem Umfange so lange eingestellt werden, bis der Fehler beseitigt ist.

10. Spätere wesentliche Veränderungen oder Erweiterungen der Starkstromanlage sollen im Einvernehmen mit der Kaiserlichen Ober-Postdirection ausgeführt werden. Die Unternehmer verpflichten sich, der genannten Behörde von derartigen Plänen rechtzeitig vorher Kenntniss zu geben.

Vorschriften
zum Schutze der Reichs-Telegraphen- und Fernsprechanlagen, welche beim Bau und Betrieb elektrischer, mit Gleichstrom betriebener Strassen- und Kleinbahnen zu beachten sind.*)

1. Für den Betrieb der Strassenbahn sind nur solche Dynamomaschinen zur Kraftlieferung zu verwenden, deren Strompulsationen sehr geringfügig sind, damit Induktionsgeräusche in den nahe der Bahn verlaufenden oberirdischen Fernsprechleitungen vermieden werden.

2. Falls, wie dies beabsichtigt wird, eine oberirdische blanke Leitung zur Zuführung der Betriebskraft an die Motorwagen benutzt wird, und die Geleisschienen zur Rückleitung der elektrischen Ströme dienen sollen, muss die metallische Rückleitung durch die Schienen eine möglichst vollkommene sein. Ausserdem sollen an denjenigen Stellen, an welchen die vorhandenen Telegraphen- und Fernsprechleitungen die blanke Arbeitsleitung

---

*) Für das Preussische Staatsgebiet ist durch den Runderlass des Ministers der öffentlichen Arbeiten vom 31. December 1896 die Aufnahme dieser Vorschriften (u. U. nach erfolgter Abänderung oder Ergänzung seitens der Ober-Postdirectionen) in die Genehmigungsurkunde für elektrische Kleinbahnen angeordnet worden.

der Bahn oberirdisch kreuzen, über der letzteren auf Kosten
der Verwaltung der elektrischen Strassenbahn stromlose Schutz-
drähte, in geeigneten Fällen Drahtnetze gezogen oder sonstige
stromfreie Schutzvorrichtungen angebracht werden, durch welche
eine Berührung der beiderseitigen stromführenden Drähte vermieden wird. An Stelle der stromfreien Schutzvorrichtungen
oder neben denselben kann, bzw. muss der Schutz der Tele-
graphen- und Fernsprechleitungen auch durch andere Einrich-
tungen gemäss besonderer, nach Anhörung der Reichs-Telegraphenverwaltung durch die Aufsichtsbehörde zu treffender Anordnung hergestellt werden.

3. An den Kreuzungsstellen muss der Abstand der untersten
Telegraphen- oder Fernsprechleitung von den Schutzdrähten und
Tragelitzen mindestens 1 m betragen. Wo zur Erreichung dieses
Abstandes die Telegraphen- und Fernsprechleitungen höher
gelegt werden müssen, hat dieses durch die Reichs-Post- und
Telegraphenverwaltung auf Kosten der Strassenbahnverwaltung
zu erfolgen. Imgleichen müssen die in der Nähe von Tele-
graphen- und Fernsprechleitungen aufzustellenden Pfosten, welche
zur Unterstützung der Tragelitzen dienen, mindestens 1,25 m
von der zunächst befindlichen Telegraphen- oder Fernsprechleitung entfernt bleiben. Sofern trotzdem zu befürchten ist,
dass z. B. beim Abtrieb der Leitungen durch Wind oder aus
sonstigen Ursachen Berührungen der Telegraphen- oder Fernsprechleitungen von den blanken Theilen der Speiseleitung, der
Arbeitsleitung oder sonstigen stromführenden Theilen der Bahn-
anlagen an einzelnen Stellen eintreten können, sind auf Antrag
der Reichs-Telegraphenverwaltung nach Anordnung der Aufsichtsbehörde geeignete Schutzvorrichtungen anzubringen, die
eine Berührung der Schwachstromleitungen mit der Starkstromleitung verhindern.

4. Die Aufsichtsbehörde wird an denjenigen Stellen, wo die
elektrische Bahn neben den Schwachstromleitungen verläuft,
und der gegenseitige Abstand weniger als 10 m beträgt, auf
Ersuchen der Reichs-Telegraphenverwaltung besondere Schutzvorrichtungen an den Starkstromleitungen zur Verhinderung der
Berührung derselben mit den Schwachstromleitungen anordnen,
sofern nicht die örtlichen Verhältnisse eine Berührung der
Starkstrom- und Schwachstromleitungen auch beim Umbruch
von Stangen oder beim Zerreissen von Drähten ausschliessen.

5. Ausserdem sind:

α) Schutzleisten auf der Starkstromleitung und Längs-
drähte neben derselben an allen Kreuzungsstellen anzubringen, wo Verlegungen der Telegraphen- und Fernsprechleitungen nicht vorgesehen, oder zwar vorgesehen, aber bis jetzt noch nicht ausgeführt sind;

β) in den wenigen Fällen, wo senkrechte Kreuzungen
einzelner Fernsprechdrähte, deren Verlegung in Aussicht genommen, aber noch nicht ausgeführt ist, mit
der Starkstromleitung vorkommen, nur Holzschutzleisten
anzubringen.

6. Die unterirdischen Zuleitungen von der Kraftstation zu
den Geleisen und der Arbeitsleitung (Speiseleitungskabel) müssen
thunlichst entfernt von den Reichs-Telegraphenkabeln, wo es
angängig ist, auf der anderen Strassenseite verlegt werden.
Kreuzungen der unterirdischen Kabel für Starkströme mit
solchen für Schwachströme müssen derartig erfolgen, dass der
Abstand der Kabel von einander mindestens 40 cm beträgt.
Werden Reichs-Telegraphenkabel von unterirdischen Kabeln für
elektrische Starkströme gekreuzt, oder verlaufen die Kabel in
einem seitlichen Abstande von weniger als 50 cm von einander,
so müssen die Reichs-Telegraphenkabel — sofern diese oder
die Starkstromkabel nicht in gemauerten Kanälen liegen — auf
Kosten des Unternehmers mit eisernen Röhren, die über die
Kreuzungsstelle nach jeder Seite hin etwa 1,50 m und über die
Endpunkte der Nährungsstrecke 2 bis 3 m hinausragen, umgeben, und die eisernen Schutzrohre auf der den Starkstrom-
kabeln zugewendeten Seite mit genügend starken Halbmuffen
aus Cement oder Beton bedeckt werden. Diese Muffen, deren
Bestimmung es ist, flüssiges Metall von den Schutzrohren abzuhalten bzw. zu starke Erwärmung der eingelegten Kabel zu
verhüten, müssen 50 cm zu beiden Seiten der kreuzenden
Starkstromkabel bzw. bei seitlichen Annäherungen eben soweit
über den Anfangs- und Endpunkt der gefährdeten Strecke
hinausragen. Wenn die Starkstromkabel in Vertheilungskasten
eingeführt werden, und in einem Abstande von weniger als
50 cm von einem Kasten sich Telegraphen- oder Fernsprechkabel befinden, so sind letztere ebenso wie bei einer Näherung
der Starkstromkabel zu schützen. Von dieser Massregel kann
abgesehen werden, wenn der Vertheilungskasten (mit Ausnahme des Deckels) von Mauerwerk oder von einer Cement-
oder Betonschicht umgeben ist.

7. Sind in Folge des parallelen Verlaufs der beiderseitigen
Anlagen oder aus anderen Ursachen Störungen der Telegraphen-
oder Fernsprechleitungen zu befürchten, oder treten solche
Störungen auf, so hat der Unternehmer geeignete Massnahmen
zur Beseitigung der störenden Einflüsse zu treffen.

Sofern sich zur Vermeidung von Störungen des Telegraphen-
oder Fernsprechverkehrs eine Verlegung von Telegraphen- oder
Fernsprechlinien als zweckmässig erweist, hat der Unternehmer
für die rechtlichen und bautechnischen Vorbedingungen der

Verlegung zu sorgen und die durch die Verlegung erwachsenden
Kosten zu tragen.

8. Die Aufsichtsbehörde wird auf Ersuchen der Ober-Postdirection Bestimmung darüber treffen, ob und wann zum weiteren
Schutze der Reichs-Telegraphen- und Fernsprechleitungen, insbesondere zur thunlichsten Verhütung von Brandschäden für
den Fall des Uebertritts stärkerer Ströme aus den Starkstromleitungen in letztere von der Reichs-Telegraphenverwaltung auf
Kosten der Strassenbahnverwaltung Schmelzsicherungen einzuschalten sind.

Diese Anordnung bleibt ausgesetzt, bis sich die Ober-Postdirection schlüssig gemacht hat.

9. Falls die vorgesehenen Schutzmassregeln nicht ausreichen, um Unzuträglichkeiten oder Störungen für den Tele-
graphen- oder Fernsprechbetrieb fernzuhalten, hat der Unternehmer der Starkstromanlage im Einvernehmen mit der zuständigen Kaiserlichen Ober-Postdirection ohne Verzug weitere
Massnahmen zu treffen, bis die Beseitigung der Unzuträglichkeiten oder der störenden Einflüsse erfolgt ist. Bei mangelndem
Einverständniss zwischen der Reichspostbehörde und der Strassenbahnverwaltung bestimmt die Aufsichtsbehörde, ob und in
welcher Art weitere Sicherungsmassnahmen Seitens des Unternehmers zu treffen sind.

10. Bei den aus Anlass der Umwandlung des Pferdebetriebes
in elektrischen Betrieb etwa nothwendigen Umlegungen bestehender oder bei der Herstellung neuer Geleise dürfen letztere,
ausser bei Kreuzungen, nicht über dem Kabellager der unterirdischen Reichs-Telegraphenlinien hergestellt werden. Lässt
sich die Linienführung der Geleise nicht anders anordnen so
ist die unterirdische Telegraphenlinie durch die Reichs-Post-
und Telegraphenverwaltung auf Kosten der Verwaltung der
elektrischen Bahn umzulegen. Die Entscheidung darüber, ob
die Geleise verlegt werden können oder nicht, steht der Aufsichtsbehörde.

11. Durch die elektrische Bahnanlage darf die Reichs-
Telegraphenverwaltung in der Befugniss nicht gehindert werden,
mit Ausbesserungen und Verlegungen der vorhandenen unterirdischen Telegraphenanlagen jederzeit vorzugehen, selbst wenn
dadurch der Betrieb der elektrischen Bahn längere Zeit gestört
werden sollte. Derartige Arbeiten sind jedoch thunlichst zu
solchen Zeiten vorzunehmen, in welchen der elektrische Betrieb
ruht Beabsichtigt die Strassenbahnverwaltung Aufgrabungen
in Strassen vorzunehmen, welche zur Zeit der Vornahme dieser
Arbeiten mit unterirdischen Telegraphen- oder Fernsprechkabeln
versehen sind, so ist hiervon der zuständigen Kaiserlichen Ober-
Postdirection oder den zuständigen Kaiserlichen Post- oder

Telegraphenämtern rechtzeitig vor dem Beginn der Arbeiten schriftlich Nachricht zu geben. Falls durch solche Arbeiten der Telegraphen- oder Fernsprechbetrieb gestört werden sollte, sind die Arbeiten auf Antrag der Telegraphenverwaltung zu einer Zeit auszuführen, in welcher der Telegraphen- oder Fernsprechbetrieb ruht.

12. Falls Fehler in der Starkstromanlage zu Störungen des Telegraphen- oder Fernsprechbetriebes Anlass geben sollten, so muss der elektrische Betrieb der Bahn auf Anzeige des zuständigen Kaiserlichen Post- oder Telegraphenamts an die Betriebsverwaltung der Strassenbahn oder auf Verlangen der Kaiserlichen Ober-Postdirection in solchem Umfange und so lange eingestellt werden, wie dies zur Beseitigung der Fehler erforderlich ist.

Darüber, ob und in wie weit eine Betriebseinstellung erforderlich ist, hat bei etwaigem Mangel des Einverständnisses der Strassenbahnverwaltung mit den vorbezeichneten Behörden der Reichs-Telegraphenverwaltung die eisenbahntechnische Aufsichtsbehörde zu entscheiden.

Sachregister.

www.ingramcontent.com/pod-product-compliance
Lightning Source LLC
Chambersburg PA
CBHW031414180326
41458CB00002B/359